醒脑之书

ABook BOOK

老杨的猫头鹰 _ 作品

我不负责疼爱你
我只想要唤醒你

《常与同好争高下，不与傻瓜论这长》

醒脑之书

ABook BOOK

常与同好争高下，不与傻瓜论短长

老杨的猫头鹰 _ 作品

我不负责疼爱你 / 我只想要唤醒你

※ ▲ ★ ○ → ^ @ □

別和坏人比坏，
坏是没有下限的；
别和傻瓜比傻，
傻是会传染的。

在智商过剩的年代，
走心是唯一的技巧；
在情绪泛滥的年纪，
实力是最大的底牌。

送给→ 不够圆滑，也不够世故
不够成熟，又不够幼稚 →的你
不想变坏，也不想太乖

送给→ 不够圆滑，也不够世故
不够成熟，又不够幼稚 →的你
不想变坏，也不想太乖

欲成大树，莫与草争；

将军有剑，不斩苍蝇。

如果争吵可以解决问题，

那么泼妇一定是个高薪职业；

如果靠吼可以搞定一切，

那么驴将统治世界。

醒脑之书
yf
醒脑
BOOK

老杨的猫头鹰 作品

我不负责修复爱你
我只想要唤醒你

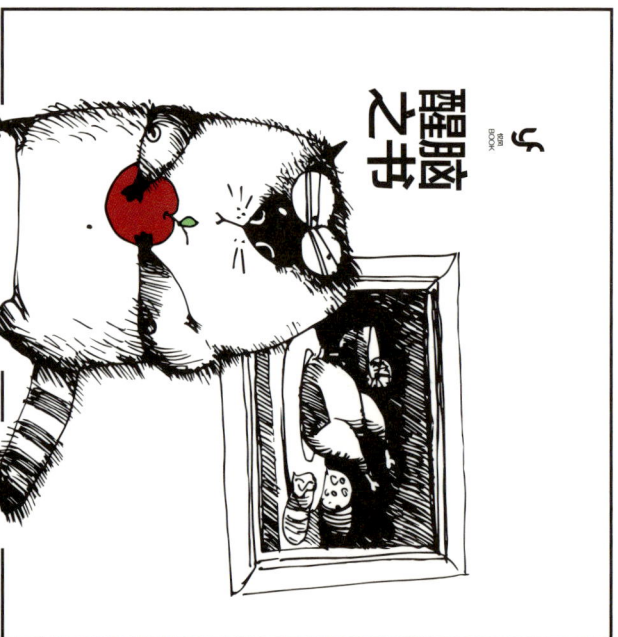

醒脑之书
yf
醒脑
BOOK

老杨的猫头鹰 作品

我不负责修复爱你
我只想要唤醒你

常与同好
争高下
不与傻瓜论短长

老杨的猫头鹰 著

中国出版集团　现代出版社

如果争吵可以解决问题，

那么泼妇一定是个高薪职业；

如果靠吼可以搞定一切，

那么驴将统治世界。

前　言

　　不够圆滑也不够世故的你，就像是一个立方体。情商不高，却十分敏感；喜欢热闹，但讨厌人群。

　　你一边压抑着消极的情绪，一边努力让自己看起来活泼开朗、积极向上。结果是，心里都炸出蘑菇云了，脸上还挂着"很高兴认识你"式的微笑。

　　离得太近怕被嫌弃，离得太远怕被忘记；对别人好怕被辜负，对别人不好又觉得良心不安。一个不留神，你的心理阴影面积就达到了960万平方公里。

　　不够成熟也不够幼稚的你，在哪里都像个局外人。一脸世故，但没有故事；自命不凡，却又无足轻重。

　　你明明有很多计划和安排，却常常提不起精神，心里想着"反正还有时间"，可等的过程又觉得"空虚无聊寂寞冷"。

你整天都在想着"自律""坚持"，可稍微努力一下子，就想放烟花让全世界知道；稍微吃了一点儿苦头，就想被人"亲亲抱抱举高高"。

结果是，你所谓的"年初计划"，慢慢都变成了"年终笑话"。

你蝉联了很多届的"盯着手机大赛""拖延大赛"和"吃垃圾食品大赛"的年度总冠军。作为"怕麻烦星球"的常驻居民，你恨不得将语音提示改成"您拨打的用户是社交恐惧症患者，请下辈子再拨"。

你在白天的时候强调"余生很贵，不能浪费"，却在晚上变成了"人生苦短，越睡越晚"。

结果是，你嘴里喊着要"养生"，作息和饮食却像是在"轻生"。

你余额不多，支付方式却有很多；你赚得不多，想买的倒是不少。你学了很多省钱的小妙招，最常用的竟然是"不买了"；服务员结账时问你"是现金还是刷卡"时，你恨不得问一句："能刷碗吗？"

结果是，在最容易赚钱的年代，你成了最容易被赚走钱的人。

别人追求远方，是因为远方有梦想和诗意。你追求远方，却是因为那里人生地不熟，有利于隐藏"当前的不如意"和"曾经出过的丑"。

结果是，你背熟了诗，也到了远方，生活对你依然是——虽远必诛。

别和坏人比坏，坏是没有下限的；

别和傻瓜比傻，傻是会传染的。

你要记住，人也有伪劣产品。

你试着锋芒毕露，却常常伤人伤己；你试着曲意逢迎，却又被嗤之以鼻；你什么都看不惯，可你什么又改变不了；你嘴里赞美着阳光，心里却藏着阴暗的小念头……

你时而悲伤地觉得：这个世界大概没有人能理解自己；时而又骄傲地认为：自己不需要任何人的理解！

最后连你自己也搞不清楚，到底要怎样才能在棱角分明的同时又温情四溢，在我行我素的同时又不受排挤。

但事实上，不论你怎么做、怎么选、怎么活，一定会有人不理解你、看不惯你、看不起你。

不论你是用事实说话，还是用实力说话，又或者是不说话，一定会有人义正词严地对你"胡说八道"，一定会有人无比自信地觉得"我最正确"，一定会有人以"我是为你好"的名义来指导你，也一定会有人打着"朋友""前辈""过来人"的旗号打搅你的生活……

这时候，你要试着理解他们，原谅他们，因为有时候，你也是他们。

最好的心态是：喜欢的东西照常喜欢，但允许自己暂时无法拥有；反对的事情依然反对，但接受它们客观存在。

最好的做法是：不动声色就能过去的事情，就不要浪费时间和精力；能用表情包就解决的问题，就不要讲脏话和狠话。真的没有多少人是值得你搭上人品和教养的。

你只需记住：欲成大树，莫与草争；将军有剑，不斩苍蝇。

如果争吵可以解决问题，那么泼妇一定是个高薪职业；如果靠吼可以搞定一切，那么驴将统治世界。

我希望谁都不会跟你计较，是基于你很优秀，所以别人不愿意跟你计较，而不是因为担心跟你计较，会拉低自己的教养。

我希望你跟谁都不争，是因为你在实力上有压倒性优势，所以不屑于"争"，而不是因为跟谁争，你都争不赢。

在智商过剩的年代，走心是唯一的技巧；在情绪泛滥的年纪，实力是最大的底牌。

你可以不必圆滑，但你必须懂点儿世故；你可以不再单纯，但请你务必善良；你可以不喜欢功利，但请你攒够实力；你可以"不羁坦荡爱自由"，但请你务必心存敬畏。

一个知世故而不世故，同时相信善良、努力，并且心存敬畏的人，一定是一个稳重、踏实、清醒、有主见、知分寸的人。只有那些两手空空、脑袋空空的人才喜欢用手指头和舌头去和全世界开战。

我所谓的"稳重"，就是能在无谓的争辩中全身而退，能对他人不如己意的言行保持克制，也能对不伤筋骨的挑衅一笑置之。

我所谓的"踏实"，就是不需要靠"顺从他人"来获得安全感，不需要靠"贬低别人"来获得优越感，不需要靠"被人看到"来获得存在感；就是能平静地面对一切，知道自己该做什么，不该做什么，以及可以不必做什么。

我所谓的"清醒"，就是当有人不拿你当回事的时候，你还瞧得上自己；当有人抬举你的时候，你没有太拿自己当回事；就是任凭这个世界如何疯狂、浮躁或复杂，而你能始终保持警觉、善良和一尘不染。

我所谓的"主见"，就是你的判断是基于你掌握的信息，然后分析、思考，继而独立得出的结论，而不是因为十个人里面有九个人都是这样说了，所以你也这样说。

我所谓的"分寸"，就是有力排众议的资本，却不会离经叛道；有犀利的锋芒，却并不会引人反感；有胜人一筹的智慧，却不会喧宾夺主；有肝胆相照的交情，却不会底线全无。

这样的你，不会再对上一段关系耿耿于怀，也不会对下一段感情草木皆兵。

这样的你，身体上不怕辛苦，精神上不怕孤独；攻，可以攻城略地；守，可以孤芳自赏。

这样的你，不奢求结果，不假设困难。因为你知道，根本就没有非

世界再怎么互联，也需要"朋友圈可见"，

需要"申请访问"；

生活再怎么开放，也需要"生人勿近"，

需要"少来烦我"。

"少来烦我"

你所谓的"改天请你吃饭"，
更像是在说"今天可以就此打住了，可以挂电话了"。
你所谓的"下次好好聚聚"，
只是意味着"这次碰面可以结束了，
可以转身然后头也不回地离开了"。

黑即白的生活，有的都是好坏参半的人生。

这样的你，不会随便感动，也不会随便愤怒，旁人看到的，只是你肝肠寸断或狼烟四起平息后的安然。

所以，不赌天意，不猜人心。悄悄努力着，看时间怎么说。

愿你在千头万绪的生活中能自有主张，愿你在好坏参半的世界里能守"脑"如玉。

愿事与愿违时，你不会整日愤愤不平；愿得偿所愿时，你不必终日惶惶不安。

愿世界继续热闹，愿你还是你。

那些尊重你、守护你的人教会了你

温柔、善良、仁爱和信任，

而那些伤害你、辜负你的人让你明白：

这个世界是有瑕疵的。

目　录

我前半生的人生经验中，

个人认为最重要 的一条是"别把自己太当回事"。

很多人一辈子都无法逃出这样的魔咒：

自命不凡，却无足轻重。

平生多识趣，
何故讨人嫌

1

参加朋友的婚礼，邻座是一位与我年龄相仿的姑娘，洗没洗过心不知道，但一看就是革过面的。

几句简短的寒暄之后，这姑娘的话匣子就打开了。从工作内容、婚恋情况问到星座、血型，再从个人收入问到家庭成员……要不是因为她递过来的名片上写着"某保险公司业务经理"，我真的会自恋地认为她对我一见钟情。

宴席开始之后，她的问题又来了。"你写什么类型的书籍？""你平时喜欢什么运动？""你有没有注意养生？""你最近体检过吗？"聊着聊着，重点来了："你要不要考虑再买一份保险？"

说这句话的时候，她还特别热情地给我夹了一只大虾。我赶紧把筷子放下，然后礼貌地微笑着说："我不太习惯陌生人给我夹菜，谢谢。"

其实浑身上下都起了鸡皮疙瘩，感觉就好像全世界的乌鸦都在我的头顶上列队飞过。

我努力表现得客客气气，只想表明我不想跟你有任何关系。

不幸的是，她并不这么觉得。

婚礼的第二天，这姑娘不知道怎么就加了我的微信。随之而来的是朋友圈里刷屏的保险广告，没完没了的险种链接推送，以及不计其数的"帮我投个票"和"帮我点个赞"。

更过分的是，在我不知情的情况下，她用偷换概念的方式将保险名称植入我的文章里，并以"原创"的形式发布。我让她删除文章，她却说："你那么能写，不差这一篇嘛！"

抱着"少生点气，多活两年"的原则，我把她删了。谁知过了两天，她重新申请加我。附带说明竟然是："你是不是不小心把我删了啊？"

我对天发誓，我真的没有不小心。

遇到一个热情泛滥的家伙，无异于揽了一件苦差。

一来，你需要装出热情来回应他，这会让人非常难受；二来，这种热情消失的速度和出现的速度一样快，这种巨大的落差会让人觉得虚伪。

最赔本的地方是，这种热情既不会产生友谊，也不能交换见识，它更像是一种骚扰，一种侵犯。除了增加联系人名单的长度、影响心情、瓜分时间和注意力之外，毫无益处。

热情泛滥的人往往是这样的。今天遇到陌生人 A，就跟 A 好得像是失散多年的亲人；明天遇到陌生人 B，又跟 B 好得像是久别重逢的老友。他跟谁都好得一塌糊涂，可好像谁都没拿他当回事。

为什么会这样呢？因为他只是看起来热情满满，实际上对每一段关系都是别有居心。

行为一旦越了界，就马上底线全无；热情一旦过了头，就显得厚道不足。

换个角度来说，当你发现有人故意把天聊死，故意听不懂你的暗示时，极有可能是因为对方不想和你发展任何关系。他不是蠢，也不是聋，只是对你没兴趣，别想太多。

毕竟，这个世界最稳定的关系，就是没有关系。

2

自从在一个电视节目上拿到了演讲比赛的冠军，叶子小姐就成了大忙人。但凡是谁需要做PPT或者写演讲稿，首先就会想着找她帮忙。

有人是找她指导表情和姿态，有人是找她教教发音、控制节奏，还有人居然是找她"帮忙得个奖"。

附带的说辞还有，"你是高手，是前辈""你写出来的演讲稿最好了""你三两下就搞定了"……

叶子小姐要是反问一句，"我上次不是已经帮你做过一次？你照着做就可以了"或者"我上次不是已经教过你吗？你再看看之前的聊天记录就行"。得到的回复往往是："不好意思啊，我真的不会。"

叶子小姐要是推托一下，"我最近比较忙""暂时没时间"。对方就会一脸的可怜相，"拜托拜托了，我确实不会。"

一气之下，叶子小姐发了一个朋友圈，"我不知道什么是演讲，给钱也不知道，望周知。"

世界上最厉害的"技能"当属"我不会"，因为说完"我不会"，他的苦差马上就能变成你的苦差。

比如，他给你发了几张旅游照，希望你帮忙给处理一下，理由是"我记得你上次帮我弄过，非常漂亮，可我不会弄"，于是，你就得再帮他一次。

比如，老板让他做个 GIF 格式的动图，他说"我不会"，这事儿马上就会变成你的了。

你需要在焦头烂额的学习或工作之余，从宝贵的休息时间、游戏时间里抽出一部分来奉献给他。

而他呢，可以心安理得地刷着朋友圈和微博，可以心情愉悦地看着电影电视剧，可以热热闹闹忙着交际和娱乐。

"我不会"的意思是，"我也不准备会了，反正有人会，帮我一下就行了"。

最可怕的是，求你帮忙的时候，他可能会说"这事儿不着急，你方便的时候就行""不用太完美，差不多就行了"，其实是在说，"你得帮我，而且要尽心尽力"。

一旦你真的给了他一个"差不多"的结果，问题就会接踵而来，比如，"这个地方能不能再帮我改一下""那个地方能不能再优化一下"……

更有甚者，你帮了他七分，他会觉得你不仗义，觉得你应付他，非但不感激你，反而还会觉得你欠他三分。

"我不会"的意思是，
"我也不准备会了，
反正有人会，帮我一下就行了"。

　　求人帮忙，你的出发点至少是这样的：一、你们之间有不错的交情，注意，是对方也觉得不错；二、对方可以得到切实的好处，比如你愿意付钱；三、你在努力学习、日日精进，以免在同一个问题上再三地麻烦别人；四、你求助的频率很低，往往是发生在迫不得已的情况下……

　　否则的话，你看似是占了便宜、躲了麻烦、避了困难，实际却是在不知不觉中变得讨人嫌。

　　希望同事或者下属转发到朋友圈，作为主导者，你该想着如何让内容更有趣、有效，让转发的人觉得自豪而不是丢脸；你该用尊重、平视的沟通方式而不是指令，更不要用"团队文化"的名义变相地挟持。

　　职场确实需要互相帮助，但也确实没有那么多的举手之劳。毕竟，谁赚的钱都辛苦，谁的时间都宝贵。大家的首要目的是通过脑力和体力来换取报酬，不是来交朋友的。

　　所以，与其纠结如何"化同事为朋友"，不如保持一个客气、礼貌的距离。趣味相投的，就与他多闲谈几句；话不投机的，微笑着打个招呼即可。

　　换个角度来说，如果对方没有爽快地答应你的请求，其实就约等于"委婉地拒绝了你"。

比如他说，"我回去再想想""我跟我家里人商量商量"……所以你就不要再没完没了地追问"你上次还没回复我呢""你是不是忘了"……

你要记住：不是一个肯定的"yes"，就是一个肯定的"no"。

特别强调一下，别人对你好，是希望你也能对他好，而不是让你觉得自己很了不起；别人不愿意麻烦你，其实也是不愿意被你麻烦，而不是让你以为他从来就没有难处。希望人人都有自知之明。

3

蒋涵跟她的老公大吵了一架，气得把新买的手机摔了个稀碎。她本意是找我声援她的，结果被我狠狠地怼了一下。

是这样的，正准备开饭的时候，蒋涵见老公一副心事重重的样子，就问他出了什么事。结果他支支吾吾好半天，才说了四个字："心情不好。"

显然，蒋涵被这四个字绊了一个大跟头。她首先想到的是，"我这么费劲做了一桌子饭菜，你怎么可以不领情"。于是她开始追问到底发生了什么。可她老公懒得理她，起身就去洗澡了。

@所有人

别人对你好，是希望你也能对他好，

而不是让你觉得自己很了不起；

别人不愿意麻烦你，其实是不愿意被你麻烦，

而不是让你以为他从来就没有难处。

希望人人都有自知之明。

蒋涵越想越生气，就去偷看了她老公的手机，并在微信群里看到了她老公被老板点名批评的事情。

于是，她不依不饶地追问，"你到底做了什么？""你怎么会被老板点名批评？""这会不会影响你晋升？""你是不是有什么事情瞒着我？"

她老公突然就爆了，然后就对她吼起来了。

在向我讲述事情的前后经过时，蒋涵还特意跟我强调，"其实我挺理解他的，我理解他压力大，理解他工作辛苦，理解他人际关系复杂……"

我说："这哪是理解？分明就是用'理解'造了个句子而已。"

你只是举着"我关心你"的大旗，肆意侵犯了他的隐秘空间，忽视了他需要独处的要求，并美其名曰"我都是为了你好"。

你要是真为他好，就拿出"他觉得好"的样子来，而不是自认为善解人意，实则不依不饶。你的这种"好"，没有人稀罕。

真要是为他好，就要站在他的角度去分析和考虑，而不是为了满足自己的好奇心和窥探欲，胡作非为之后还要给自己发一张"好人卡"。

比如，你愿意听他滔滔不绝，但也尊重他什么都不想说，并且理解他不说是有缘由的。

你们偶尔会意见相左，但你不会不依不饶地纠缠下去，而且懂得给对方台阶下。

你们关系亲昵，但不会窥探对方的隐私，并且给彼此留足了私人空间，而不是让想独处的那个人无路可退。

这样的"好"是建立在彼此独立、互相尊重的基础上的，不是碾压式的全盘接管，也不是捆绑式的同生共死。

还有一种更可怕的"为你好"，是自己不要隐私了，还要以此为资本，去要求别人也不能有隐私。

比如，他大方地向你展示全部的聊天记录，于是要求看你的聊天记录；他承诺可以为通讯录的每一个名字提供解释，于是要求你去解释通讯录上的某某某。

比如，他主动向你汇报行踪，于是要求你时时告知行动和去向；他毫无保留地告诉你全部的秘密，于是要求你向他坦露全部的灵魂……

这不叫"为你好"，也不叫爱，更像是绑架，是越界打劫，是自讨没趣。

成熟的关系应该是这样的：我们互相需要，得以保全关系；我们互不干涉，得以保全自己。

就像《蔷薇岛屿》里写的那样："不要束缚，不要缠绕，不要占有，不要渴望从对方身上挖掘到意义，那是注定要落空的事情。而应该是，我们两个人并排站在一起，看看这个落寞的人间。"

所以，别再质问别人："你这样对我，你的良心不会痛吗？"而是要经常反问自己："我这样对他，我的良心不会痛吗？"

你该不会是觉得自己的良心一钱不值，于是就懒得问了吧？

4

识趣是交往的安全阀。绝大多数关系的崩毁，罪魁祸首就是不识趣。

初次见面的时候，不要唐突地用过分亲昵的称呼、开自以为好笑的玩笑；不太熟的时候，不要贸然问别人的收入和家庭成员。

不要拿别人的兴趣、偶像、梦想开玩笑，笑完之后容易产生"恨意"；也不要拿自己的不幸来换取同情，靠同情得来的友谊容易滋生"瞧不起"。

去拜访朋友，未经允许不要随便进入除了客厅以外的房间；别人给你看手机里的照片，未经同意不要随便左右滑动；用别人电脑的时候，未经授意不要乱点文件夹。

朋友跟别人聊微信的时候，你就不要凑过去看了；用别人的东西要先问一下，不要真的"随便"；需要别人帮忙，先要想着怎么还这份人情，而不是觉得理所当然。

做你的朋友，偶尔能为你免费，但如果"当你的朋友"就意味着"必须免费"，那你注定会少很多人气。

好听的话，偶尔能当钱花，可如果你想用好听的话来为自己省钱，那你必然会少很多财气。

识趣的人既不会为难自己，也不会为难别人。他知道自己的身份，也知道自己在对方心目中的分量；并以此来决定自己说什么、做什么。

识趣的人该明白，"别人会"不等于"有义务帮我"，"别人有钱"不等于"我可以不还或者晚点儿还钱"，"别人不讨厌我"不等于"喜欢我"，"别人不开心"不等于"非得跟我说"，"别人没有拒绝"不等于"答应"……

世界再怎么互联，也需要"朋友圈可见"，需要"申请访问"；生活再怎么开放，也需要"生人勿近"，需要"少来烦我"。

平生多识趣，

何故讨人嫌？

你闭嘴的时候，
我最喜欢你

1

人生的噩梦之一，就是不管你在做什么，一米之内总有一张嘴巴，这里嘟囔你一下，那里纠正你一下。而且，你最好不要反驳，否则的话，他的"嘟囔"或"纠正"就会没完没了。

Q先生四十岁出头，当过几年中学语文老师，是那种"确实会背一些圣人训，也确实很招人烦"的人。平日的朋友圈里最常发的文字都摘自《弟子规》或者《古文观止》。据传闻，Q先生能将1080字的《弟子规》倒着背出来。

然而，真正让Q先生"闻名于朋友圈"的却是他那张"很碎的嘴巴"。

在一位长辈的寿筵上，八十岁的寿星向大家挨个介绍宾客，被介绍到的人都是点头示意一下即可，轮到 Q 先生的时候，他当着众人的面给了老寿星一些"中肯"的人生建议，包括："心态一定要好""平日一定要少些操劳""作息规律一定要继续保持"……

老寿星僵笑着点头应和，然后赶紧打断他的"指点"去介绍下一位……

宴席开始之后，几个年轻人在饭桌上聊起了最新的电影，还相约假日一起聚餐。坐在对面的 Q 先生发话了："你们这些年轻人啊，还是什么都不懂，平时有点儿时间就只顾着吃喝玩乐，都不知道多陪陪父母。"

这几个人忍着没说话，碰了一下酒杯，然后聊起了微博上的新鲜事。Q 先生显然是被他们的无视给刺激到了，他追问道："你们的父母难道没有教育你们：长辈说话时，要认真听吗？"

此时此刻，这几个年轻人的内心都已经炸出了蘑菇云，好看的脸也被脑子里的怒火撑大了一码。而 Q 先生却依然没完没了，"现在的年轻人都太没有教养了，这要是在春秋时期，可以直接拖出去杖毙"。

一个男生率先"炸了"，他大吼道："关你什么事？"

Q 先生倒是"稳得住"，他一字一句地念着《弟子规》里面的经典名言，试图要好好地跟这位"没素质"的小伙子讲讲道理。

最终的结局是，这个男生抢起酒瓶砸在了 Q 先生的脑袋上……

毛姆曾说过："长辈最大的修养，就是控制住批评晚辈的欲望。"

真的，谁都懂得那么几条"自己讲得头头是道，其实人人都知道"的大道理，谁都会那么几句"但凡是有一颗正常的脑袋，就一定会背"的名言警句。时时刻刻都把这些东西挂在嘴边的人，往往最烦人。

被人瞎指点的感觉就像是你正吃着饭，有人在旁边指导你："来，张嘴，好，开始嚼，对了。你看，你都知道怎么吃饭了。"

生活中常常会有这样一类人。

你提了一件不痛不痒的小事，他马上就摆出一副"你怎么可以这么蠢"的神情，然后说一些老掉牙的大道理，试图教育你。

你提出某个新颖的观点，他马上就像是侦探那样快速地"发现破绽"，然后开启"辩论模式"，试图说赢你。

但在你看来，你并没有感受到他的好心好意或者见识的睿智新奇，更多的只是：这个人好像是为"抬杠"而生的。

这类人一般不会发起话题，而更愿意做话题的"抢夺者"或者

"终结者"。

不论你聊什么，他都能轻而易举地接过去，然后开始反驳、争论，不论是不是他擅长的话题，他只需听一两句，就马上能得出"这个我早就知道了"或者"你说得不对"之类的结论。

然后，将别人组织的聚会变成他滔滔不绝的个人秀，将本该是轻松的聊天变成他舌战群雄的战场！

其实，普通见面聊天只是交换见识而已，不是抢答题，也不是辩论赛。以嘴碎的方式刷出来的存在感，只会惹来厌烦。学会闭嘴是成年人的美德。

我的建议是，当你做不到"口吐莲花"时，一定要懂得"沉默是金"。主动选择闭嘴的意思是，我并非无言以对，而是不愿在你身上浪费时间，所以等着，等你闭嘴。

2

人生的噩梦之二，就是身边有一个喜欢乱开玩笑的成年人。

曾收到一个姑娘的私信，大意是说自己经过了七八轮的"厮杀"，打败众多的竞争对手进入了一家梦寐以求的大公司，可第二天就愤然选择了辞职。

辞职的原因竟是一位男同事开的"玩笑话"。那是第一次跟大家见面，这位男同事就当众问她："你这满脸的褶子都不填一下，你男朋友下得了嘴吗？"

众人哄笑，这位自尊心极强的姑娘一下子就垮掉了，独自躲在厕所里哭了整整一个下午，第二天就申请离职了。

开玩笑最起码的要求是：要避开别人的短处，否则就不算玩笑，而是当众嘲笑！

构成"玩笑"的前提条件是：当事人觉得好笑，才算是开玩笑。

俗话说：良言一句三冬暖，恶语伤人六月寒。情商最低的一种人，就是明明可以好好说的话，非要用最令人憎恨的方式表达出来。

这个世界上，人与人的成长环境千差万别，所以每个人有着不同的三观、不同的生活习惯和性格特点、外貌特征。学会对他人的不足或者个性有所谅解，不轻视，不嘲弄，不笑穷，不揭短。

高情商的本质，不是八面玲珑的客套，而是推己及人的体谅。

因为乱说话而导致别人生气的时候，你就别再强解释说："我只是开玩笑啊，你就当我是开玩笑，不就好了？"

这句话说得极其轻松，但实际上毫无人性。就像没有抑郁症的人对抑郁患者说："你不要瞎想，不就好了？"

就像倒头就能睡着的人对失眠患者说："你就往床上一趴，不就睡着了？有那么难吗？"

一个善意的提醒：宁可保持沉默像个呆子，也不要一开口就证明自己是个浑蛋。

3

人生的噩梦之三，是无处不在的"我都是为了你好"。

高考填志愿的时候，我选择了传播学，原因是自己喜欢写东西。这一决定公开后，反应最激烈的是在教育局上班的邻居阿姨。她的理由很多："不利于就业""太虚了，没什么实际技能""当个老师多实在啊，铁饭碗，还轻松""你听听我的吧，我是过来人""你这孩子怎么这么犟呢""我都是为了你好""阿姨我吃过的盐比你吃过的饭还多，听我的没错"……

在说服我失败之后，这位热心肠的阿姨又开始游说起我的爸爸妈妈来。

游说的方法可以总结为两点：一是猛烈抨击我所选专业种种的不利，二是猛烈夸赞她建议的师范专业的种种优越性。

最后，除了回应"嗯"和"哦"，我们全家人在她面前，就像是上帝在制造哑巴时打过的草稿！

当时的我，真想送她一个九十度弯腰的鞠躬，求她立刻把那张滔滔不绝的嘴巴闭上。

孟德斯鸠曾说，当一个人视自己是别人生活的裁判时，他的所作所为就不是关怀，而是暴力。

喜欢说"我都是为了你好"的人，容易摆出一副"奉旨办差"的姿态。

队友可能对你说过："为了你，我们牺牲了这么多，你怎么就不能迁就一下大家呢？"

前辈可能对你说："我吃过的盐比你吃过的饭都多，听不听由你，反正我都是为了你好。"

朋友可能对你说："我说话比较直，可也是有一说一，都是为了你好。"

前任可能对你说："都是因为你，我才变成这样的！"

上级可能对你说："你还年轻，有些事你们还不懂，但你得相信我，我都是为了你好。"

类似的"好心好意"，其实就是变相地说："你得听我的，否则的话，你就是不知好歹。"

这种逻辑的本质是："我赤裸裸地剥夺了你选择的权利，而你还必须对我言听计从，最好还要感激涕零！"

这些随口指点你人生的人，其实并不对你的人生负责，所以无论他们如何怀疑你、批判你，你都不要被撼动，而是要把注意力都放在重要的事情上。

用心做事的人哪有时间去争对错、论是非？他的时间和精力，都用在解决问题、不断进步以及远离"好心人"上了。

诚心诚意的指点，其目的应该是让人日日精进，而不是让人无地自容。

有意思的是，把人气得发疯的，可能正是这些口口声声说"我都是为了你好"的人；而那些想要遥控指挥你的人，往往是最不了解你的人。

这些人以"过来人"身份自居，却根本没有意识到：自己的人生经历，其实并不能指点别人的江山。

不知道你们是什么态度，反正我是挺想把这些人绑在草船上去借箭的。

人与人之间矛盾的起因之一是，总有那么几个人，喜欢用高标准指点别人，用低标准要求自己。

所以你总会看到有人给自己的行为冠以"我这是为你好"之名，这能让他们心安理得地对别人肆意干涉，而且他还会用"远见""格局"和"开明"这类似高大上，实则是玄而又玄的品格，来为自己的"讨人嫌"做无罪辩护。

哦，对了。

如果再有人跟你说"我吃过的盐比你吃过的饭还多"，你一定记得提醒他：盐吃多了，容易得水肿，血管会提早老化，糖尿病和肾病的得病率会大幅增高。

4

人生的噩梦之四，是被信任的人背叛。

赵姑娘大清早给我发了微信："所有人都觉得她好，只有自己知道她有多恶心！"原来，她被自己的室友给"卖"了。

事情是这样的。待人热情的室友 R 找她吐槽，说同寝室的 D 睡觉打呼噜、磨牙，而且好几天不洗澡，平时说话还总喜欢带脏字，一点儿姑娘模样都没有……

赵姑娘跟着附和了几句："是啊，这么大的人了，也不知道注意个人形象。"

谁知当天晚上，D 就指着赵姑娘吵起来了："我不注意个人形象碍着你什么事儿了？"

赵姑娘一下子蒙了，用脚指头都能猜到：是 R 泄露了她们私下的谈话内容！

赵姑娘自知理亏，被 D 吼完之后，赶紧赔礼道歉，可在寝室里其他人看来，自己已经被归类为了那种爱嚼舌根的人。

我说："你到底还要吃多少亏，才能学会交浅不言深？小圈子最忌惮背后说人坏话。另外，你以后离这种守不住秘密的人远点儿，同时管一管自己那张把不住风的嘴巴。凡是怕人知道的话，就不该去说。"

这样的事情其实很常见，概括一下大约是这样：A 在你面前说 B 的不好，原因有1、2、3、4、5，你信以为真，然后很真诚地补充了6、7、8、9、10。

第二天，你就会发现 A 和 B 在一起愉快地玩耍，从那以后，你就成了 B 的仇人。

所以，交好时别说尽秘密，友尽时别暴露隐私。你既然把故事告诉了风，就别怪风将故事吹遍整个森林。

不论是闺密、知己，还是前任，闹掰了就掰了，之后千万不能在背后说人是非，也不要拿秘密去换取信任。你永远不知道你以为投缘的知心朋友，会用你的秘密去交换什么东西。

曾经相好过，也曾掏心掏肺过，当初将自己的丑事和弱点暴露出来，是为了升华感情、互相抚慰的，而不是为了以后互相伤害的。

那些守不住秘密的人，他能够泄露的只不过是你全部人生的万分之一，却将他的全部人品暴露无遗。

能不能相谈甚欢，那是因缘际遇的问题；掰了之后的言谈举止，那是品德教养的问题。

被一个极其信任的人背叛了，最大的损失不是少了一两个朋友，而是从此以后，你不敢再信任任何人了，你对所有的关系都小心翼翼，并深信每个人都戴了好几层面具。你费心揣测，以防再度上当。

但仅有防备是远远不够的。你还要修炼一颗强大的内心，强到能够承受得起伤害，强到还敢去信任；你还得变得更有本事，大到足以承担得起后果，大到可以跟这些背叛者拉开足够安全的距离。

不必撕，不必闹，唯沉默是最高的轻蔑！

5

大概是因为"说话的艺术"已经深入人心了，所以人人都在"把玩"这门艺术，以至于普通人的聊天当中夹杂了越来越多的套路。

比如，"我这人心直口快"的意思是，"所以我说了什么伤到了你，你也别怪我"。

"你别放在心上"的意思是，"如果你听了很不高兴，你也不能计较"。

"我是对事不对人"的意思是，"我绝对没有针对你的意思，只是不小心怼了你"。

"不是我说你"的意思是，"你这么不懂事还不让人说了"？

"我也不是说你不好"的意思是，"但你确实就是这么糟糕"。

"我都是为你好"的意思是，"虽然我知道你内心是拒绝的，但我就是不能憋着不说"。

"你就当我没说过啊"的意思是，"如果你要计较，那你就是小心眼了"。

借口如此充分并且名目繁多，对策却永远只有两个：该拉黑的拉黑，该疏远的疏远。

一言不合就拉黑，此乃快乐之本也。笑脸给多了，惯的全是病。

指指点点能让你更有存在感吗？不会。让你有存在感的是你的能力和价值，是诚意。

大呼口号能让你天天向上吗？不会。让你进步的是你的努力和坚持，是恒心。

刻薄嘴欠能让你显得聪明吗？不会。让你显得聪明的是理解和体谅，是随时都带着脑子。

真正厉害的角色往往遵循这样的原则：群处时能守住嘴，独处时能守住心。

他们不会轻易去指点谁，也不会随便附和大多数人的观点；他们不会显摆自己的能耐，也不会传播别人的窘态。

他们知道用脑子说话，而不是用嘴巴。对于别人的轻视或误会，他们多数选择笑而不语；对于别人的难言之隐，他们往往懂得明知"不"问。

事实上，当一个人越发清楚地了解自己，他往往就没什么勇气去评价别人。

梁文道在《人人都是作家，但没有一个读者》的文章里写道："浮躁是这个时代的集体病症。我只知道这是一个急躁而喧嚣的时代，我们就像住在一个闹腾腾的房子里，每一个人都放大了喉咙喊叫。为了让他们听到我说的话，我只好比他们还大声。于是没有任何一个人知道别人到底在讲什么。"

那么你呢，你懂得适时闭嘴吗？

别人数落自己的男朋友、老板或者同事，你也跟着煽风点火；别人吐槽自己的缺点，你也跟着附和。

可你别忘了：别人说"这不好、那不好"，很可能是谦虚而已；你要是跟着说他"真的是这不好、那不好"，更像是在"拉仇恨"。

不要总在那些比你胖的人面前喊着"我要减肥，我要减肥"，不要总在那些比你差一点儿的人面前喊着"我真是没用，太没用了"，也不要总在那些比你穷一些的人面前喊着"我又穷又丑，一无所有"……

真有志气的话，还是建议你去那些比你瘦、比你有本事、比你富有的人面前去喊这些！否则的话，更像是在"臭显摆"。

　　其实，爱说话没什么，不会说话也没事儿，可怕的是，一个不会说话的人偏偏爱说话。

　　对这样的人，我只想说：你说话碎得像韭菜，我很介意；你说话比较直，我很介意；你说话很多弯弯绕，我很介意；你嘴巴不严实，我也很介意。你闭嘴的时候，我最喜欢你。

宁可保持沉默像个呆子，

也不要一开口

就证明自己是个浑蛋。

没有收拾残局的能力，
就别放纵善变的情绪

1

特别喜欢冷静的人，是传说中那种"经历了大风大浪，却还平静得像是下雨踩湿了裤脚一样的人"。比如朱小姐。

有一次自驾游，她在高速路上遭遇了车祸，车尾被后车撞得稀烂，好在人都没事。冷静的朱小姐快速地从驾驶室里爬出来，然后摆好警示三脚架，将因为恐慌而瘫坐在地上的肇事司机扶到路边，再拿出手机报警、录像、拍照……等她有条不紊地完成一系列事后工作，就过去找肇事司机聊天，以安抚他的情绪。

她一边向肇事司机展示安全气囊的漏气情况，一边预测当时的车速，并分析了撞击的力量、角度等力学问题，就好像刚才发生的不是一起交通事故，而是一次撞击实验。

还有一次，她和公司一行十几个人去杭州参加一个重要的会议，结果在首都机场等了四个多小时，等来的却是"航班因故取消"的广播。同行的人不是急着找客服理论，就是气得砸东西，唯有朱小姐安静地坐在一旁，淡定地喝着咖啡，并帮大家预订了另一趟去杭州的航班。

我问她："你该不会是天生就有一颗大心脏吧？"

她回答道："你是没见过我吃了多少亏。"

朱小姐所谓的"吃亏"其实是一些让她非常懊悔的往事。

上高中的时候，因为数学成绩很差，她没少被老师嫌弃。最惨的一次是，她碰巧解了一道有点难度的几何题，数学老师居然当着全班同学的面说："你们看，这道题朱同学都知道，你们还不知道？"在大家哄笑的时候，朱小姐直接把数学书扔到了讲台上，结果是，她被老师请出了教室。更严重的后果是，她越来越讨厌数学老师，整天只想着用低分来气老师，以至于高考的时候，150分的题只得了29分。

讲到这儿的时候，朱小姐还自嘲了一番："你说，我是不是傻？气老师有什么用，结果都得自己买单。"

还有一次是在家做饭，切猪肉的时候不小心把手割破了。小她九岁的弟弟看见了，幸灾乐祸地问："你是在滴血认亲吗？"气不打一处来的朱小姐抡起胳膊就打了弟弟一巴掌。后果是，弟弟撕心裂肺地哭了半个小时，更严重的后果是，弟弟至今都跟朱小姐不怎么亲热。

平静之后，她自责地问自己："我图个什么呢？"

她总结道："遇事一定要先搞定情绪，再想怎么处理事情，如果情绪没搞好，事情肯定会搞砸。"

是啊，亏已经吃了，苦也已经受了，如果还不能长记性，那才叫损失惨重。

回过头看，成长之路上，很多被我们定性为"严重错误"的事件，其实都有一个共同特征，那就是当时没有克制情绪。

比如，在临出门的时候跟家人拌了几句嘴，就在路上对每一个陌生人翻白眼；失了个恋，就把共同的朋友挨个拉黑；对老板有意见不敢当面提出来，却像个疯子一样在朋友圈里飙一些狠话……

更有甚者，只是一个眼神、一个语气的不满，就激动得像是护院的大鹅发现了敌情似的，恨不得冲上去咬人。

又比如，在学校里受了气，回家就凶自己的爸爸妈妈；在公司里受了委屈，转身就吼自己的家人朋友；跟另一半有矛盾了，却让孩子遭殃……

更有甚者，因为一时的情绪去拦火车、抢方向盘，以及失控地将凶器刺向陌生人。

用一句歇后语总结就是：挨打的狗去咬鸡——拿别人出气。

有人据此提出了"垃圾人定律"。这种观点认为，有些人就像是一台垃圾车，他们装着情绪垃圾到处走，里面有失望、焦虑、烦躁、挫败感，以及愤怒，当垃圾车装满的时候，他们就需要一个地方倒掉，很有可能就倒在不相干的人身上。所以我们要做的，不是对抗，不是辩解，更不是斗狠，而是要尽可能地远离他们。

两个忠告：一、尽可能不要用自己的那张臭脸，去影响别人的心情和生活，在关系脆弱的年代，所有的克制都值得提倡。二、永远不要拿自己的一时怒气，去纠缠或挑衅"垃圾人"，在仅有一次的生命和难能可贵的好心情面前，所有的退让都无比光荣。

2

等我赶到郝姑娘约定的咖啡馆时，她正趴在桌子上"嘤嘤"地哭。

我问："前几天不是带他回家见了家长吗？怎么这就要分手了？"

郝姑娘带着哭腔纠正道："不是要分，是已经分了。"

郝姑娘和男生是从大二开始恋爱的。吸引郝姑娘的不只是男生脸上的帅气，还有他那"笨头笨脑"的耿直劲儿。

男生第一次约郝姑娘，地点选在了体育场。原以为会听到什么神秘告白，结果当郝姑娘带着忐忑的心赶到时，男生认真地问了一句："跑八百，还是一千五？"

后来扭扭捏捏了半个多月，两个人才正式确定了恋爱关系。在第一次真正意义上的约会之前，郝姑娘花了两个小时精心打扮自己，可见到男生的时候，对方一句夸赞都没说，上来就叫郝姑娘"别动"，然后伸手把她的双眼皮贴给揭掉了。

每次跟我聊起她的这位男朋友的"无脑"日常时，她就像在聊一部喜剧的男一号。

看得出来，郝姑娘很喜欢他。然而，这段五年的恋情还是终结了。分手的原因听起来就像是一部名叫《我是怎样把男朋友给作没了》的肥皂剧。

平日里约会逛街，男生走慢了，郝姑娘就会问："走这么慢，不喜欢陪我吗？"男生走快了，郝姑娘则是咆哮："走这么快，你是赶着去投胎吗？"

男生对她的好，她照单全收，并认为这是天经地义的；她对男生的好，却认为比黄金还金贵，付出一点点就觉得自己像个伟人。但凡男生有一点反抗，就会被郝姑娘的一句"不喜欢就分手"给压下去。她的解释是："我知道他爱我，但我就是想要他证明更多。"

理性让人清楚地知道自己是错的，但感性让人不顾一切地将错就错。

于是，稍有意见不合，郝姑娘一定会争个赢。她永远是最大的，永远是正确的，恨不得要把男生踩在脚底下，以此来凸显自己的威风八面。

稍有不如意，她不问原因就发火，不分场合就吵闹；当完了公主，又继续当祖宗，把"脑子进水"当成是性格可爱，把"折腾人"当感情的试金石。

两人分手的导火线是一条短信。郝姑娘私自查看男生的手机时，发现了一条"暧昧"的节日祝福短信，这让郝姑娘醋意大发，就偷偷地将对方拉黑了。等到对方找男生兴师问罪的时候，男生才知道是郝姑娘动了手脚。

但实际上，对方只是男生的亲戚而已。这激怒了男生，他吼了郝姑娘一句："你是不是有病啊！我真是受不了你！"

郝姑娘则咆哮道："受不了我，你可以滚啊！"

男生狠狠地瞪了她五秒钟，蹦出了两个字："再见。"然后转身就离开了。

郝姑娘当时的内心戏明明是："让你滚，你就真滚啊？"可喊出来的却是："好啊，再也不见！"

闭嘴太难，补刀太爽。然后后悔，可悔之晚矣。

有一句广为流传的段子："不用每日缠绵、时刻联系，你知道他不会走，就是最好的爱情。"可很多人却是反着来运用于日常的，因为在心里认定了"他不会走"，所以你就随便越界，随便暴怒。

到最后，说狠话的是你，难过的是你；口口声声说要分手的是你，频频回头等对方追上来的是你，最后后悔得想抽自己几巴掌的依然是你。

敢问一句，你的脑子进水的时候，一般都喜欢养什么鱼？

你总是觉得对方不够体贴，心里话是："如果我是你，那我绝对是个温文尔雅的大帅哥，细心周到，会对自己的女朋友超级好。"

你总是觉得对方忽略了自己，你的逻辑是："我今天没有主动联系你，不是我不想联系你，而是你不想联系我。"

这样纠缠久了，到后来，估计连你自己都分不清自己的动机——到底是要得到更多的爱，还是要赢。

其实，大家都是"易燃易爆易受潮"的敏感人类，何其幸运才能拥有一个能够共存的同类，却被你亲自赶走了。

你将对方当作自己专属的提线木偶，却以爱之名说自己这是欲擒故纵。

那剩下的事情大概是：他会庆幸，将你变成了前女友！

我的建议是，别把自己活成一个"戏精"，错把一厢情愿当成了一腔孤勇，误将"不被人喜欢"看成了"也许他是在试探我"。

也别把自己活成一个"火药桶"，人与人的关系就是这么脆弱，你闹闹脾气，这个人就跟你没有任何关系了。

3

研究生刚毕业，表弟就去了一家不错的软件公司。

一个周末，他来找我，还没来得及寒暄就提了问题："我觉得同事们瞧不起我，老板也瞧不上我，你说我要不要换一家公司？"

我对他说："我没有结论给你，我只能帮助分析一下原因。在一个充满竞争的公司里，一般不会有人瞧不起你，更大的可能是，没有人瞧你，因为大家都非常忙。"

他依然愁眉不展，讲出了他的糟心事。

同部门有个前辈，暂且称其为 A。A 平时就不怎么搭理表弟，而且永远是一副牛哄哄的样子。公司上班时间是早上八点半，A 从来都是吃完午饭才来。更可气的是，大家的年假都是半个月左右，A 却可以休两个多月。

有一次，表弟迟到了一分钟却被扣了200元，他瞬间就爆了，拿着工资条去找老板抗议："凭什么别人可以随便迟到，我迟到一分钟都不行？"

老板头都没抬，就丢了一句，"你想干就出去工作，顺便把门带上；不想干就回家，顺便把门带上。"

我对表弟说："如果我没有猜错的话，A 应该是你们公司的顶梁柱吧？"

表弟说："是的，他一个人创造的业绩差不多是公司的一半。"

我笑着说："那你愤慨什么？你能做出他那样的业绩，你也可以像他那样横。"

没有实力的"情绪"不会有人在乎的，这就好比说，狮子根本不会关心一只羊的意见。

在职场，谁给公司赚钱，谁就会是宝贝。这和在学校一样，谁的成绩出众，谁就会被老师宠着。

不同的是，在学校里，你做了什么，老师会给你打分，然后告诉你哪里错了，以及怎样做才是对的。但在职场，没有人有义务调教你，或者指出你的弊端、错误，或者逼着你学习、上进，你得自觉找答案，自觉变厉害。

职场上的情绪只能表明你很弱，所以你今天为了所谓的公平而怄气，明天又为了所谓的正义而赌气。

可问题是，一味地想着出气、解气，其实也大大地耽误了你自己——你本该赚钱、学习、上进的时间、精力都被你耗费在对抗情绪上了。

而那些真正厉害的角色，不会跟人撕扯，不会怼别人的猜忌和抱怨，也不会逢"吵架"必赢，而是就算有人在数落、嘀咕，却也拿他没辙。

当然了，你有权保持"一点就着"的臭脾气，只要你确信有人能一直惯着你；你可以整夜游戏和追剧，只要你能保质保量地完成作业或者工作。

换言之，放肆算不算是"犯错"，取决于你能不能为自己的情绪买单。

罗曼·罗兰说过，性格决定际遇。如果你喜欢保持你的性格，那么你就无权拒绝你的际遇。翻译成大白话是：你想作，就得承受作的结局；你想懒，就要接受懒的后果……反过来说，如果你没有收拾残局的能力，烦请你管好自己的嘴和脸。

亲，臭脸给谁看呢？

希望你每天三省自身：发什么疯？装什么精？矫什么情？

4

如今的社会，不卑不亢的人很少见，常见的是又卑又亢。

比如，逢人藏不住事，遇事沉不住气，生气又兜不住火；或者轻易就陷入狂喜或绝望的情绪中，嘴里赞美世上的一切美好，心里藏着阴暗的想法。

可问题是，谁都会有情绪难控的时候，有情绪表明你是个"活物"。不同的是，有人喜欢当众抹成花脸，有人却习惯悄悄排遣。

就好像是都买了一本有褶皱的书。有人会暴怒，先是找客服骂一通，骂完之后给了一个差评，然后"吓唬"了一下购物平台——"我要卸载你，再见"，然后再去微博、朋友圈里用脏话展示一下自己的怒气，还觉得不解气，于是将昨天买的一大包薯片吃光。

有人则会幽默地开个玩笑："哎呀，我的宝贝长皱纹了。"

不能自控的情绪是可怕的，因为你永远不知道在情绪的挟持下，自己会做什么，会因为哪句脱口而出的话，就被别人否定了你积攒了十几年才积累出来的光辉形象。

所以，难过了就去吃点儿好吃的，或者找个小道跑跑步，伤心了就找个角落小声哭，或者看一部喜剧片。千万不要将自己的那张臭脸公之于众，更不要将怒火撒在最亲近的人身上。

你已经是个大人了，要学会为自己的烂情绪买单。你需要小心翼翼地发泄，精打细算地缓解，并且争取在最短的时间内恢复正常。

举头望了明月，低头就该整理一下悲伤。

日本作家小津安二郎有一句名言："高兴就又跑又跳，悲伤就又哭又闹，那是动物园里的野猴子们干的事。笑在脸上，哭在心里，说出的话都是心里话的反义词，摆出的脸色都是内心情绪的反面，这才是真正的人类。"

是的，控制情绪不叫虚伪，而是尽可能地少让自己丢人现眼。

至于那句经典的"一切都会过去的"安慰，对于健忘的人来说确实如此。但不见得对你有效。因为发生的事情会一直存在着，会明明白白、清清楚楚地记在账上。

所以，越是情绪糟糕的情况下，就越要远离社交，因为你任意一次的口无遮拦，都将成为你出糗或悔恨的呈堂证供。

情绪稳定的人就像是一棵苹果树，它遵照自然的规则来安排树枝的位置和长短，然后长叶、开花，最后诚实地长出苹果。无论果实是酸涩，还是瘦小，它都不会与旁边的树比较，更不会幻想长出更甜的橘子来。

这样的人，能在无谓的争辩中全身而退，能对他人不如己意的言行保持克制，也能对不伤筋骨的挑衅一笑置之。

你已经是大人了，要知道适时地将情绪调成"飞行模式"。无人可说的不开心和无处宣泄的不痛快，自己解决就好了，不要再盼着有人来哄你了。

在情绪泛滥的年纪，横眉怒目太容易了，难的是轻拿轻放。

如果争吵可以解决问题，那么泼妇一定是个高薪职业；如果靠吼可以搞定一切，那么驴将统治世界。

所以，当你急着想要发飙的时候，不妨试着提醒自己"这只是上天的考验"。也许几秒钟之后，你就会发现：这种事根本就不值得气一下，这种人根本就不值得让自己丑一下。

当你学会了管住脾气，你大概就懂得了什么叫"没必要"。

别再说什么"一个人思虑太多，就会失去做人的乐趣"，我想提醒你的是，待人处事如果不过脑子，你就会失去做人的资格。

你可以强调"彪悍的人生不需要解释"，但也别忘了：彪悍的人生需要"后果自负"。

你的锋芒，
请有点儿善良

1

"我过马路从不闯红灯，结果每次都会被笑话，说我太胆小了；我看见乞讨者会放下一些钱，结果每次都会遭来嘲笑，说我太傻了。我现在经常在想，以前老师教我们遵纪守法和善良仁爱，是不是都教错了。"

说话的姑娘姓赵，她就坐在我对面，抿一口咖啡叹一口气："我身边有好多人，他们不仅拒绝做好人好事，而且还喜欢嘲讽别人做好人好事，显得他们多么聪明似的。结果这些人反倒经常获得喝彩和掌声。那我们为什么要做好人？好人真的有好报吗？"

她焦虑地望着我，年轻的脸上挂着"怀疑人生"四个大字。

我没有直接回答赵姑娘的问题，而是讲了两件我亲身经历的事情给她听。

一个雨天，我在路边打车。一个中年男人推着一辆木板车从我面前经过。因为车上的货物太重，再加上雨天路滑，他前进的速度很慢，雨水顺着他的脖子往身体里灌，他喘着粗气，像是刚跑完半程马拉松。

我往前探了一下身子，本想上前搭把手，可余光扫到了周围的人，发现大家都是"绅士或淑女"地举着伞，安静地待在原地。在那个瞬间，我突然决定"不帮了"，而是选择和周围的人一样，继续保持着体面的站姿。

这次体面的代价非常严重：在之后的一个月里，我不停地遭受自己良心的谴责——我对自己的无动于衷感到羞耻并且难过。

还有一次是在一个旅游景区内，一位穿着得体的老妇人领着一个可爱的小女孩走到我面前，露着疲惫而又尴尬的笑对我说："小伙子，你能不能借我十块钱，给小孩子买水喝。我们是来旅游的，和旅行团走散了，一时联系不上他们。"

我正准备掏钱的时候，导游先生一把将我拽到一边儿，"语重心长"地对我说："年轻人，你千万不能给，这一看就是骗人的把戏！"

我问："你怎么看出来的？"

他发出了拖拉机般的笑声，然后斩钉截铁地说："这都不需要用脑子想啊，你就看那个老妇人，满脸的唯利是图……"

我没有跟他辩论，而是静悄悄地走到老妇人身边，塞给她几张纸钞，然后微笑着目送她们走远。

导游无奈地摇着头说："你这纯属良心泛滥，他们的日收入可能是你的几十倍啊！就算他们没说谎，那你看看四周，乞讨的人那么多，你帮得过来吗？"

我不想理性地分析对错，也不愿花力气深究真伪，我只是经过了我起码的判断之后，选择了遵循自己的良心去采取行动。

关键是，这个微不足道的善意让我感受到轻松愉快，甚至让我愿意接受任何后果——被人欺骗，或者被当成傻瓜。

就像电影《人在囧途》里那样，当"女骗子"骗走了挤奶工人所有的钱遭到"聪明老板"数落的时候，他回复道："骗了才好呢，骗了说明没有人贫穷、没有人生病、没有人受苦。"

那么，好人有好报吗？

我不确定。但我可以确定的是：我不想做个铁石心肠的"聪明人"。我并不期待成为流芳百世的那种善人，我只想在我力所能及的范围之内，做个心安理得的普通人。

我选择善良，选择看似笨拙，并不是因为听信了"好人有好报"或者"傻人有傻福"，而仅仅是因为我坚信：这么做，是对的。

很多人不是不愿意相信世间的真善美，只是因为有一些丑恶的现象被口口相传，以至于心生怀疑。于是，很多人都选择了将自己的善良锁进保险柜里，以此来预防上当被骗，以此来保全自己"聪明人"的人设。

结果呢？你学会了如何预防上当受骗，变成了铁面无情的人。我只是比较担心，当你习惯了用这副铁石心肠来对待陌生人，对待这个世界之后，你会不会在不知不觉中也这样对待自己的亲朋，甚至是你自己。

有些规则，别人都没遵守，你遵守了；有些别人都认为丢脸的事情，很多人都没做，你却做了……这些并不代表你错了。

"普遍现象"不等于"它很正常"，"多数意见"不意味着"它是对的"，就好比说，不是所有的花朵都适合生长在肥沃的土壤里。

说到底，善良是你的选择。表达善意是一件很快乐的事情，不要因为旁人的态度而让它变得沉重。借特蕾莎修女的话说："这是你与上帝之间的事，而绝不是你和他人之间的事。"

你最该遵循的，不是别人的意见，而是自己的良心。

来，和我一起说："那些影响我做好人的'聪明人'，请你离我远一点儿，你丑到我了。"

2

X先生是一位公众号写手，粉丝有小几万了。昨天听说某热门事件有了定论，愤怒的他将自己的公众号文章刷屏式地转发了一遍。每转发一条还会加一句话："怎么可能是谣言，有采访视频做证啊！有当事人的原话啊！这里肯定有黑幕！"

然后配上大段大段的脏话，以示自己强烈不满。

X先生是坚定的"阴谋论者"。不论热门事件是最后出了官方报道，还是当事人在镜头前亲自陈述，他都觉得有阴谋，他只相信那些煽动性很强的网络新闻和毫无根据的"网上有人说"。

文字上的锋芒毕露和图片上的感官刺激，是X先生的终极追求。

比如，出现了医疗纠纷，他的标题是："医生失德，除了乱收费厉害之外，论文造假也是高手！"

比如幼儿园爆出虐童丑闻，他四处收集视频和网传材料，发布了"我要是孩子的父母，我一定抢刀去和那群恶魔拼命！"。

说到"有人空手去接坠楼的儿童，结果双双死亡"的新闻时，他就像是谐星附体，把原本是让人难过的事情当笑话讲，还不忘评论一番："这个人太傻了！"

另外，类似的还有："你们女人打扮不就是给男人看的吗？""抑郁症就是矫情！""可怜之人必有可恨之处"的声音不绝于耳……

句句都看似理性得像是个世外高人，实则是满心污秽像个没人性的怪咖。三分的人性尚未在他的体内养成，七分的兽性就呜呜泱泱地涌了出来。

这倒也应了心理学上的一句名言："强烈的情感可以置事实于不顾。"

我想说的是：你确实会赚到一点点人气，但没了人情味；你确实很有态度，却缺少温度。

你的人气只是一串震耳的鞭炮，在本该禁鸣的地方点着了，然后一堆人都循着声音找来了。

你的态度只是一堆冰冷的阅读数字和转发量，在众人需要指点迷津和正向引导的时候，你赚得盆满钵满，而读者被你玩弄得团团转。

如果说，你真的遇到了一个不负责任的医生或者一个猥亵儿童的幼儿园老师，你真的查证了有那么几个逍遥法外的坏人，我还可以理解你一时的言语偏激和情绪失控，但如果你什么都没有经历过，仅仅是在一个无聊的晚上，在别人的公众号里读了几篇堵心的文章，在某个网站或电视台的民生栏目里看了几个揪心的事例，在微博热搜里看到了几个愤愤不平的消息，就开始大肆渲染人间险恶和人心叵测，那么我真心想劝你一句："你的锋芒，请有点儿善良！"

在自媒体发达的时代，很多人都在追求"语不惊人死不休"，以期达到一击即中的传播效果。

看到不公平的现象，他们就会摇旗呐喊，巴不得把全天下的脏话都说一遍；看到不合理的事情，他们就带头咬牙切齿，恨不得抢起菜刀就冲出去。

可事实呢，他们既不会拿刀，也不会冲上前线，他们只会把你带进情绪的黑洞里，跟他坐一次刺激的过山车，然后将阅读量、点击量、点赞和转发量转换成广告，变成人民币，仅此而已。

他们把自己打扮成为"正义的使者"，深信自己是在做正义的事情，甚至认为那些和自己意见不合的人都是"没人性"。

他们既做了判定别人罪行的"法官"，又充当了非法人肉搜索、肆意捏造证据、大肆攻击意见不合者的"执法者"。

他们看似是在审判，实际却是直接宣判。

他们在缺少确切证据的情况下，根据自己的情绪来宣判。他们根本就不会考虑量刑的标准，更不会在意处罚是否得当。他们只是制造出"我很生气，我很愤怒，所以某某可恨，甚至该死"的氛围出来。

结果呢？受害者没有赢，孩子家长没有赢，正义也没有赢，赢的是阅读量和粉丝量都翻了倍的某些人。

换言之，某些人表现出义愤填膺的样子，看似是在维护正义，其实背后是在维护他们的利益。

这样做的结果是，恶意被过分渲染，戾气被大肆传播，这就让原本崇高的职业——教师和医生等，受到不合理的质疑；让原本高尚的行为——让座、搀扶老人、救死扶伤等，变成一种负担。

他们只是将人性的恶意放大了给你看，而你呢，只觉得脊骨发凉，觉得社会变坏了，觉得余生都不会好了。

所以，请你对所谓的舆论要有一个清醒的认识：那些整天怂恿你去过刀光剑影的生活，指导你要凶狠、刻薄、蛮横的人，他们自己其实活得风平浪静，对人客客气气。

你可以长刺，但不要扎人。

善良的出发点在于，当自己正面对一个受苦的人时，心里会略噔一下："如果我是他呢？"

比如这样。

一个女生将打碎的暖水壶扔进垃圾桶的时候，附带上了一个显著的标签，上面写的是："阿姨／大爷，真抱歉有了玻璃碴，您收拾的时候请小心。天凉了，请注意保暖。"

一位在异乡留学的设计师在回家的路上看见了一位目光呆滞的女生，头发蓬乱，站在路边一动不动，像是寂寞，也像是落魄。设计师怕她想不开，于是上前去，热情地问了个路。

一位加班到深夜的白领，在外卖订单的备注里写道："送餐的先生，我没那么着急吃饭，路上务必注意安全。如果超时，可以提前摁'已送达'。辛苦了，谢谢。"

生而为人，请务必善良，不要被别人的黑暗同化得不剩一丁点儿光亮。

3

韩国曾发生过这样一起网络暴力事件。

在首尔的地铁里，一名年轻女子带着一只宠物狗进了地铁，这本身是不对的。

过分的是，这只狗在地铁里大小便，而年轻女子没有收拾的打算。当时有乘客指责了这位女子，结果该女子不仅没有自省，反而还在言语上攻击了那些指责她的人。

地铁到站之后，女子牵着狗扬长而去。

女子不曾料想的是，有人将整个过程录了下来，并上传到了网络上。

不到一个星期，这段视频的点击量就超过了四千万次。而这个年轻女子也有了一个糟糕的称号——"韩国狗女"。

更糟糕的事情在后面。网民除了观看和转发视频，还进行了言辞激烈的辱骂。骂完了还觉得不够解气，于是又开始了人肉搜索。没多久，这位年轻女子的真实姓名、家庭住址、公司名称、个人电话号码、念过的学校，甚至是家庭成员的姓名和联系方式的信息都被曝光了。

在随后的一个多月时间里，骂她的人越来越多，最初只是骂她，后来扩展到了打电话给她的老板，给她的爸爸妈妈和姐姐。

最终的结局是：她的老板迫于舆论压力炒了她的鱿鱼，她的爸爸妈妈不堪其扰被迫换了房子，她的姐姐被骂出了抑郁症，而她，精神出了问题，需要不定期地接受精神治疗。

真是百口莫辩时，才知人言可畏！

这女子有没有错？当然有。

那她的错与她最后受到的惩罚，匹配吗？事实上和法律上并不。她确实讨厌，但并不"该死"。

在很多类似的热点事件中，围观者经常会情绪失控，进而选择了"泼粪式的惩罚"——诅咒、辱骂……就好像谁骂得最恶毒，表达得最激烈，谁就最正义、最善良似的。可实际上根本就是错觉。

当事人活着，他们会觉得"这种人应该去死"；若当事人真的死了，他们又会觉得"真是便宜他了"。

一个人很火的时候，你跟着大伙去膜拜他，赞美他。一旦此人被爆出了丑闻，你马上就将"手捧花"换成了"刺刀"，跟在大部队里讨伐他，朝他吐口水，往他身上踩几脚。

吐了口水还不解恨，要上嘴去咬几口才行；踩了几脚还不痛快，还要跳起来踩。

在道德上胜券在握的感觉当然很好，但问题是，这很可能会带来思维上的盲目。

我的建议是，就算你做不到"以德报怨"，也不该"以怨报怨"，因为这样的话，你在某个瞬间就会变得恶毒，甚至是面目可憎！

每当你想要主持正义时，请务必要认真思考这三个问题：

一、这件事是恶劣，还是恶心？

二、当事人错了，谁才有资格去审判他？

三、当事人受的惩罚要到哪种程度，你才会满意？

需要承认的是，每个人都有表达观点的自由，也有展示个性的权利，但我希望，在发射自己的光芒时，不要吹熄了别人的蜡烛；在维持正义时，不要丢掉公允和良心。

我只是担心，这个世界会因为某些人的锋芒毕露而让正义蒙尘，让善良失色。

你不能用邪恶的招数去搞定邪恶，就像谬论不能说服另一个谬论。

用错误的手段去惩罚做错事的人，就像是在抱薪救火；用不道德的方式去维护道德，就如同饮鸩止渴。

对待那些确实做错了事的人，如果你的"恨意"太足了，言谈举止超出了道德乃至法律的范畴，那么就不再属于正义，而是变成了另一种祸乱。

你表现得锋芒毕露，并不是惩恶扬善，而是在惩恶的同时也扬了恶。这种所谓的正义就像是出了鞘的刀，锋利无比，但常常会误伤他人。

黑泽明说：好刀应该在刀鞘里。

请时时提醒自己：别和坏人比坏，坏是没有下限的；别和傻瓜比傻，傻是会传染的。

有的人一旦错过，
真的要谢天谢地

1

　　杏子小姐从南京回到北京的时候，已经是夜里十点多了。她坐在无人的街头，给我打了"求救"电话。

　　她说自己难过得快要死掉了，说时间太难熬，感觉自己像正在被凌迟一样。

　　她的声音很沙哑，话像是从嗓子眼里挤出来的。她说："我当众质问他，我在他心里到底算什么，你猜他怎么说？"

　　我回答道："无非是摆着一副古井无波的脸，然后什么都说不出来。"

　　他还需要说什么呢？你明明什么都懂，却偏要跑去"拼死效忠"。

　　杏子小姐的这段恋爱开始于大二的下学期。一个长得很帅、说话风趣的学长突然间闯进了她的生活。只是几次问候，紧接着几句甜言蜜语，杏子小姐就被攻陷了。

在杏子小姐看来，"那段时间真是甜啊"，学长讲的每一句话都像是蘸了蜜，连点过赞的朋友圈都像极了甜甜圈。

没多久，学长就要去南京实习了。在送别的车站，学长曾深情地对杏子小姐说："等你毕业了，我就回来娶你。"

杏子小姐感动得就差晕过去了，她用力地忍着眼泪，用力地点头微笑，然后用力地挥手道别……

可让她始料未及的是，异地不到三个月，学长就有了新欢。这是她后来才知道的。

为了让杏子小姐对自己死心，一个星期不联系是常有的事，忘掉生日、节日也成了常态……杏子小姐哪里会怀疑啊，乖巧的她只是以为"学长太忙了"。

在新欢的步步紧逼之下，学长采取行动了。他在睡觉前给杏子小姐发了一条短信，"我们分手吧"，然后就把手机关掉了。

杏子小姐看到短信的时候就傻了，她疯狂地打电话，疯狂地发短信问"为什么"，她一个人纠缠了一整夜，把所有的可能都想了一遍，把自己所有的毛病都挑了一遍，可对方就是不开机。

等到天快亮了，杏子小姐才绝望地回了一句："你要分手，我成全你。"

大约是早上八点多，杏子小姐才接到学长的电话。对方的话掷地有声，像是一位出色的配音演员在念一段经典台词："那条短信是我的室友发给你的，他们就是想检验一下我们感情的韧性。没想到啊，你真的同意分手，我对你真是太失望了。原来感情在你心里是这么脆弱，那，分就分吧！"

看见没有？有的人不擅长提分手，却特别擅长逼着你提分手。

杏子小姐再次傻掉了，她慌得就像是找不着妈妈的孩子，一边苦苦哀求，一边忍不住嘤嘤地哭。可任凭她怎么道歉和解释，学长就是以"我受伤了"为由，不愿与其和好。

在自责中，杏子小姐"丧"了好几天，直到她在学长的微博里发现了端倪。她看到有个富家女在频繁地与学长互动，并在富家女的微博里发现了"他们俩其实早就在一起了"的事实。

杏子小姐这才如梦初醒。她终于明白为什么学长突然"忙"了，为什么想方设法地要和自己分手了。可她还是接受不了这个现实——有情人终成了前任，和有钱人成了眷属。

于是，她冲到了南京，想找那个亲口对她说过海誓山盟的人讨个说法或者歉意。

只可惜，当初有多么的坚信不疑，现在就有多么的承受不起。

我劝她，"你的意中人是个盖世英雄，但现在变了，变成了盖世垃圾。你就当作在垃圾堆旁参了半年的禅吧。"

更尴尬的地方是，对或者错，两个人还可以辩论一番，但如果遇到冷漠，你就无计可施了。这就好比说，你翻山越岭地来到了他的门前，他却将你拒之门外，如果你一直敲，只会显得你没素质。

遇人不淑，放手就是进步。越是苦苦纠缠，就越是罪孽深重。

与品行有问题的人谈恋爱，注定只有一个结局：只有好聚，没有好散。

再多的怦然心动，也抗衡不了谎话连篇的折磨；再大的美好期盼，也抵不住一拖再拖的消耗。

所以，不要再一把鼻涕一把泪地追问"我在你心里到底算什么"，真实的情况是，你早就不在他心里了。

不要再强调自己"付出了那么多，牺牲了那么多"，现实生活是，如果你背着过去过日子，那和画地为牢没什么区别。

作家刘瑜曾说过：尊严是和欲望成反比的。你想得到一个东西，就会变得低三下四，死皮赖脸，而当你对眼前这个人、这件事无动于衷的时候，尊严就会在你心中拔地而起。

一辈子那么长，如果遇见一个人需要花光你所有的好运气，那真的不如一个人去过好运连连的生活。

这样的你，会开心，会有钱，会很拽。

来来来，和我一起说："那个花心大萝卜，以后你每一次结婚，我都衷心祝你幸福！"

2

分手了该注意什么？

老詹的回答是，"绝不能藕断丝连，拖泥带水"。

老詹是个女汉子，因为喜欢 NBA 球星勒布朗·詹姆斯而自称"老詹"。在一年前，老詹经历了一场虐心的恋爱。老詹对那个男生的印象是，"爱笑，帅气，并且对自己很好"。她便以为，这就够自己去奋不顾身了。

相处了一段时间，老詹意外发现男生其实是有女朋友的，只是异地而已。老詹当时快要气疯了。她觉得自己被骗了，她把所有的礼物都撕成了碎片，她把男生所有的联系方式都删了。

她以为自己表现得决绝一点儿，就会在这场感情的博弈中像个赢家。可结果呢，她在三更半夜哭得都快要变形了。

过了三四天，男生突然出现在她面前，"我其实早就想跟那个人分手了，你能不能再等等我？"

仅仅一句话，老詹心里的死灰就复燃了。虽然她清楚，维系这种关系意味着违背自己的原则、道德和良知，可因为还抱着一丁点儿希望，老詹选择了原谅。

就这样，老詹成了传说中的"第三者"，在"好了伤疤忘了疼"的比赛中，她是一骑绝尘。

她不敢晒幸福，不敢合影，就连一起看电影都觉得是在做什么亏心事。

她说："那时的我就像是一条在竹筐里准备出售的活鱼，每逢我快要撑不下去的时候，他就朝我洒一些水，让我能再多活几天，然后气息奄奄地等下去。"

结果呢，老詹在失望的炙烤中周而复始，男生却在海誓山盟之后一拖再拖。既没有办法进一步，又舍不得退一步。

直到半年后，男生才对老詹说了实话："我不可能跟她分手，对不起，我骗了你。我本来可以继续骗下去的，但我不忍心那么做。我可以给你补偿，除了爱情。"

老詹哭了，然后笑了，平复情绪之后，她冷冷地说："那我是不是应该感谢你，感谢你没有继续骗下去？"

男生用双手捂着脸，一个劲儿地道歉。

老詹扔下一句话转身就走了，"除了提醒你有多恶心，这时候的道歉真的没什么用。事实上，唯有你过得不好，才是最有效的道歉"。

为了一个糟糕的恋人，傻一次可以说是"天真无邪"，傻两次可以算作"情深义重"，傻三次及以上的，只能说是傻到家了。

你一定听过"朝三暮四"的故事，没准儿还笑话过那群猴子太笨了。到手的栗子从来都是七个，只是换了一下套路，这群猴子就被哄得乐滋滋的。

可你不是一样吗？他一句简单的"对不起"，就让你原谅了他所有的浑蛋事儿；他一句"我发誓要……"，就使你坚定要跟他到白头。

你看，你并不比猴子聪明多少。

你给他的爱像极了备胎做出来的咖啡，喝着也还行，倒掉也不觉得可惜；他给你的爱只是为了让你不要停止爱他，就像是看到自己的宠物跑远了，他就召唤两句。

他不能爱你，却也不放过你，但你要放过你自己。

所以，不要再哀求"我们重新开始吧"，这只会让你低到尘埃里，但并不会开出花来。

不要再追问"我究竟做错了什么"，当他对你没有感觉了，纵然你是满分也不能算及格。

不要再较劲"我究竟哪里比不上她"，这只会逼着对方再羞辱你一回。

不要再强调"我们从前是多么快乐"，他会选择离去，就是因为现在的快乐比从前的多。

不要盼望"我们做回朋友吧"，请你扪心自问一下，你缺这个让你难过的朋友吗？

有人唱："只要爱对了人，情人节每天都过。"可如果爱错了人呢？那就是"愚人节每天都过"。

付出过真心，放手的时候难免会觉得难过，但这总好过"他不爱你，还一拖再拖"。

我要提醒你的是，在一段虐心的关系中，如果你会持续上感情的当，不都是因为"敌人狡猾"，还有可能是因为你自己太贪心。

比如，你也曾愤怒地喊出"我真是瞎了眼"，事实上，这是你最接近真相的时候。可惜啊，骂完之后，你还是不信自己瞎了眼。

莎翁的《暴风雨》里有句特别经典的话：凡是过往，皆为序章。

有勇气去变成某个人的过去式，这才称得上"长大了"。这样的你，就不会再对上一段关系耿耿于怀，也不会对下一段感情草木皆兵。

早晚有一天，那个你曾以为"非他不可"的人，终会变成"不过如此"的人。

命运就是这样来找平的。那些尊重你、守护你的人教会了你温柔、善良、仁爱和信任，而那些伤害你、辜负你的人让你明白：这个世界是有瑕疵的。

3

被一个人玩弄了感情是什么感觉呢？

有一个段子写得很生动："当你背上长剑、备好粮草，准备要马不停蹄、一意孤行的时候，突然冒出一个人，他把你抱得紧紧的，然后很认真地对你说，他想和你分享这漫长的一生。你一激动，把剑扔了，把马烤了，一回头，人没了。"

之后的你就像得了失心疯，就像一个清醒的神经病。

你想要删掉两个人的合照，却看着看着就哭了；你睁开眼的第一个念头是，"他会在干什么"，第二个念头才是，"啊，我们掰了"。

你连他的朋友一起拉黑，然后又忍不住去关心他的一切；你隔三岔五地提醒自己不要想他，然后隔三岔五地就去看他的动态。

你时而庆幸自己认清了禽兽的真面目，时而又骂自己当初真是瞎了眼；你在白天的时候想方设法地忙忙碌碌，却又在晚上情不自禁地哭哭啼啼。到末了，你纵然剪了短发，黑了眼圈，可还是没法忘掉他。

可问题是，你明明知道自己手里拿的是柠檬，却抱怨它"怎么这么酸啊"，还要一口接着一口地咬，然后说命运待你轻薄。那能怪谁呢？

失恋是一场独自的战斗，你可以找人倾诉，但终归要自己承受。

别想跳过失恋这个关卡，直接跳过去就意味着，你那些辗转反侧的夜都白熬了，你那些撕心裂肺的痛都白挨了，你那些倔强又酸涩的眼泪都白流了。

也不要想着用一段新恋情快速地将自己从失恋的坑里拽出来，

可能发生的严重后果是，你会快速地掉进另一个坑里。

你要试着反思和分析，直到你心里越来越明白"恋情失败"的诸多原因，直到你越来越接近那个你不愿意承认的真相。

反思能让你明白，没有什么不能失去的东西，除非自己还不够忙；没有什么无法拥有的恋人，除非自己还不够优秀。

你要借机去做一回披荆斩棘的英雄，而不是等着别人来关心呵护的小朋友。

所以，死掉的爱情，就让它入土为安吧。

正确的做法是，早睡早起，把注意力放在变可爱、变好看、变有钱上。早睡能避免90%的多愁善感和99%的手欠，而早起能带来80%的元气和一半以上的好心情。

当你不再计较，不再自责，不再表演，不再关注，你就会慢慢觉得好一些。没有了注意力的情绪早晚会消失的，就像不浇水的花自然会死掉。

可能挺一两个星期，你的心口就没那么疼了；可能挺一两个月，你的工作就开始有起色了；可能挺了半年，你对异性又有了感觉。愈合的过程越缓慢，就康复得越彻底。

而且你会慢慢意识到：有些人能够遇见，只能算自己倒霉；有些人能够错过，真的要谢天谢地。

在感情的大门口，你要时刻准备好"入场的礼仪"和"退场的姿态"。

切记切记，你是单身，不是狗。

每个人都在往前冲，
凭什么你一定领先

1

一直沉迷于"我还不错"的感觉中，其实也不会怎样，就怕突然之间意识到"自己是个废物"。于是突然间觉得天崩地陷，丧到无地自容。

我曾有过这种感觉。那年22岁，大学生活已经所剩无几了，而我还在为"考研还是工作"而纠结着。一天中午，我疲惫地躺在床上看余华的小说，突然听见了开门声，是学霸室友回来了。

室友放书包的时候叹了一口气，我就问他发生了什么。他说："刚才在图书馆，恰巧遇见了外教，就想找他探讨几个问题，可表达能力不够好，导致交流不顺畅，问题没有很好地解决。我好羡慕那些口语表达能力强的人。"

说完他又叹了一口气，"感觉和他们的差距好大啊！"

"差距好大"这四个字瞬间给了我当头一棍，将我那颗安逸的心一通"暴揍"。

学霸室友在我心目中的形象，就像是一座三十层楼高的大厦，顶还不肯封上，还在没日没夜地往上盖。

他早就拿到了某名校的研究生免试推荐资格，他的口语不仅很好，而且还屡次在英文辩论赛上得奖。他整个大学的成绩都稳居在院系前二，不论是创新学分，还是论文发表数量，他都遥遥领先。

此时，最有资格躺在床上玩游戏、看小说的人是他，但他没有，而是照常早出晚归地自习，还为那点儿在旁人看来可以忽略不计的"短板"而长吁短叹。反倒是最应该焦虑的我，却还"自我感觉良好"。

我当时也不知道哪来的勇气，居然没羞没臊地去安慰这个比我厉害很多倍的人，就像是一个站在山脚的人向站在山顶的人描述远方的美好。

我对他说："以你现在的成绩，就算不会口语，未来也不会有什么问题。"

他微笑着说："也许现在不是问题，但以后肯定会是个大问题。我的经验是，如果小问题攒着不解决，往往会在最关键的时候让自己掉链子。"

原来，那些优秀得近乎耀眼的人们遵循的原则是：不矫情，不侥幸。

他们有常人难以企及的紧迫感和饥饿感，也有着不用掩饰的求知欲和求胜欲望。所以他们能从普通里脱颖而出，能从局限中破茧而出。他们不懈怠，是因为知道有人在追赶；也不侥幸，是因为明白有人在时刻准备着取而代之。

那么你呢？

还躺在床上祈祷"这次考试的排名提高一些"吗？或者坐在电脑前幻想"下个月给我涨工资"吗？我试过了，真的没用。

你只有逼自己从床上起来，把习题册翻开，然后埋头去学、去背才行；你只有把社交软件关掉，把飘荡在外的心思拉回到工作中来才行。

你逼着自己比昨天更优秀一点，你的命才会比去年更好一些。

物体下坠的时候，速度是越来越快的，人堕落的速度也是如此。你今天懒得走了，明天你跑都来不及。

曾有人问村上春树，"如何保持持久的创作热情"，村上春树拿跑步来举例说明。他说："今天不想跑，所以才去跑，这才是长距离跑者的思维方式。"

还是同样的道理。今天不想做题，所以才要做题，这是成绩靠前的人的思维方式；今天不想干活，所以才要干活，这是业绩出众的人的思维方式；今天不想努力，所以才要努力，这是优胜者的思维方式。

不主动就会被动，不清醒就会被惊醒。你若不去将勤补拙，就是变相地授人以柄；羊群若是漫不经心，只会让狼群特别开心。

该拼命的时候，你心存侥幸，一边偷懒一边喊，"一切都是最好的安排"；该精进的时候，你心疼自己，一边幻想一边叫，"如果事与愿违，就相信是另有安排"。

等到别人都从你身边超过去了，等到你被不近人情的生活凶了一回，你才幡然醒悟：原来，不被安排，也是一种安排。

敢问一句，众生皆苦，凭什么你是奶油味儿的？

2

Z 姑娘私信给我讲过一件"糗事"。

那年她刚念高三，父母托关系将她转到了所谓的重点班。可她的底子不怎么好，纵然态度端正，学习刻苦，但排名一直上不去。

一次模拟考出了成绩，Z姑娘在教室里失声痛哭。老师和同学赶紧去安抚她，她一边淌眼泪一边说："我肯定是我们班最蠢的人，所以我无论多么努力还是考不过大家。你们这群学霸可倒好，说'考砸了'的都能得140分，说'没发挥好'的都能拿130多分。而我自以为准备得很充分，可也就是在及格线徘徊。"

她擤了一把鼻涕，嘟囔着嘴说："我天天……天天都熬夜，感觉自己都快要长胡子了。"说完她自己忍不住笑了。

一旁的老师则很认真地对她说："考不过大家很正常啊。班里的每个人都在往前冲，不是只有你在竭尽全力。就好比说，你们都在跑四百米，谁说尽力去跑就一定能跑到最前面？"

人确实应该上进，应该变好，但如果你尽了全力却依然没有变好，那也不能说你犯了什么不可饶恕的过错。

借毛姆的话说就是，"我用尽了全力，才过上平凡的一生"。

很多时候，竭尽全力也只能保证你不会落后太多。

多数人的惯性思维和做法是，将自己付出的努力乘以N倍，去要求最好的结果；将自己受的苦与累乘以N倍，去索要最大的补偿。

于是，锻炼了一个下午，就想要个好看的身材；努力了一个星期，就想要个好看的分数。

对别人好言好语了几天，就要求对方爱自己一辈子；挑灯夜战了几回，就向命运索要一个无限完美的明天。

这都是不合常理的奢求，实际的情况是这样的：

你去了几次健身房，并不会拥有模特般的身材，它只能让你在近期有一个不错的精神状态，或者安然地躲过一次流感。

你努力工作，并不等于你能取代你的上司变成公司的顶梁柱，它只能让你在公司的处境相对好过一些，或者在会议室里多一点发言权。

你献了几次殷勤，并不足以击退情敌们，它只能让你在此后的竞争中多一点点胜算，或者让你的男神或女神多回复你几次。

你读了几年书，并不意味着你比旁人见识高明，它只能让你在下一次的争辩时，有主见而不再人云亦云；在下一次的抢购风波时，有独立的判断而不是像只惊弓之鸟。

你背了成千上万个单词，并不能保证让你成为口才一流的外交官，它只能让你顺利地拿到考试证书，或者翻阅某本专著时，能够找到自己需要的数据；又或者拿到进口的化妆品时，不会把眼霜抹到脸上。

换言之，身为学生，为了要把成绩搞上去，那刻苦学习就是你的职责，有什么好抱怨的？

身为父母，把孩子养育好，那赚钱养家和操劳就是你的责任，有什么好顾影自怜的？

身为员工，把工作做完、做好，那是你的任务，有什么好斤斤计较的？

每个人都在往前冲，凭什么你一定领先？每个人都在拼命努力，不是只有你受尽委屈。

梦想当然值得拼命，所有美好的东西也当然值得努力，因为只有努力，胜算才能多一点点。但是，你还要做好事与愿违的准备，因为美好的事情很有可能永远都不会发生。

3

童话《爱丽丝梦游仙境》里有个片段。红桃皇后拽着爱丽丝一路狂奔，可爱丽丝却发现了不对劲。她大喊道："怎么会这样？我们一直在跑，可还是待在这棵树底下没动。"

红桃皇后傲慢地回答道："理应如此。"

爱丽丝不解地问："但是在我们的国度里，如果你奔跑一段时间的话，你就会到达另一个不同的地方。"

红桃皇后依然傲慢地解释道："你记住了，你是在这里，以你现在的速度，你只能停在原地。如果你想抵达另一个地方，你必须以双倍于现在的速度奔跑。"

在这个科技、知识、观念更新换代愈演愈烈的竞争年代，如果你一动不动，你根本就没有机会待在原地，而是在以很快的速度倒退，或堕落。

要想留在原地，你必须拼命奔跑。而且，你只有比别人更努力、更有韧性，更懂技巧，你才有可能短暂地领先于队伍。

多少的独占鳌头，背后是悬梁刺股？多少的战功赫赫，靠的是枕戈待旦？

不论什么时候，你的前面都有更强的人，你的后面都有追赶者。所以，该学的东西要趁早学，晚了就会压力重重；该改的毛病要马上改，久了就会困难重重。

做出改变的最佳时期是意识到"应该改"的时候，而不是"不得不改"的时候。

你总觉得还有时间，而这，就是问题所在。

但换个角度来看。

如果你发现，就算自己不努力、不上进、不费劲，也能轻松地待在原地，那么你就该审视一下你所在的环境——它到底是因为领先了行业很多，所以有资格停下来歇一歇？还是因为它可以拒绝竞争，所以有资格闲庭信步？又或者是因为它其实已经烂了根，所以死气沉沉？

如果你发现，你整日与一堆破事纠缠，常年都裹挟在"心不甘情不愿"的情绪下，一直与"没有上进心"的人打交道，那么你就得问一下自己——你到底是贪图这里的零压力，还是因为没有挣脱的本事？

愿事与愿违时，你不会整日愤愤不平；愿得偿所愿时，你不必终日惶惶不安。

你总觉得还有时间，

而这，

正是问题所在。

差不多的人生，
其实差很多

1

曾报过一个厨师进修班，班上一共六个人。授课的老师姓秦，四十多岁，平时不怎么爱笑，眼神夹杂着几分忧郁的气质，若不是穿着一身职业装，会误以为他是位艺术家。

除了日常授课，秦老师还会布置"家庭作业"——回自己家里做一份酱牛肉。

头两次，他会给每个人准备好牛肉和配料，牛肉的分量和各种配料的重量都精细到了"克"，换言之，大家只需照着步骤执行就够了。后几次，他什么都没有提供，也就是说，大家需要自己去选材备料。

结果是，大家头两次做出来的酱牛肉都几近完美，而后来的酱牛肉只能用"难以下咽"来形容。

秦老师罕见地发火了，他指着其中一盘说："明明要求煮一个小时，这份最多就煮了三十分钟"，又指着另一份说："配料明确要求是花椒、大料、桂皮、八角，而这里没有花椒，而是用了胡椒！"

底下有人解释："当时家里没有花椒了，就用胡椒代替了，感觉差不多。"

秦老师提高了音量："我完全可以对你们的交差行为熟视无睹，因为你们已经交了学费，而且你们将来被老板辞掉，被新人顶替了，我完全不用负责。但我不能那么做。"

"因为我是厨师，厨师的词典里不应该有'差不多'三个字。"

细想一下，还真是。

授业解惑的事情如果是"差不多"的态度，那教出来的学生还没毕业就已经失业了；烹制食物如果是"差不多"的态度，那做出来的东西还没端上桌就已经算是剩菜了。

在很多时候，差不多的含义是，差一点都不行。

一个人对生活、工作、感情的态度越来越差，往往都是从"差不多"开始的。

问工作的进度，你的回答永远是"差不多了"，问你的旅程安排，你的答案里永远有"大概""可能""也许"……你轻而易举就把别人的心系在桅杆上，再悬起来。

可你别忘了，"差不多"这三个字从你嘴里蹦出来的瞬间，已经将你的不靠谱、不专业暴露无遗。

你用差不多的努力，学差不多的本事，做差不多的工作，爱差不多的人，混着差不多的一生。

问题是，你不是不能得到满分，而是认为及格就行了。这就意味着，命运不是不能给你高配的人生，而是你的努力只够拥有低配的生活。

"差一点就成功了"等于"失败了"，"差一点就牵到他的手了"等于"错过他了"，"差一点就能在一起了"等于"没机会了"，"差一点就及格了"等于"不及格"……

"差不多"很容易，"一点都不差"却很难，而这能区分出平庸和卓越。

今天偷一下懒，下个月再拖延一下，那么你想要的人生和你能拥有的人生将会是天差地别的。所谓的"低配人生"，无非是"无数次降低要求"的总和。

这个地方较真一点儿，那个问题严谨一下，那么再普通的人生也会大有起色。所谓的"天赋异禀",实际是"无数次锐意进取"的叠加。

怕就怕,曾经说"'八'字没有一撇"的事情,现在变成了"'馕'字没有一撇"的事情。

我想说的是,每个年纪都有每个年纪对应重要的事情,每一件事都需要你脚踏实地去落实,无一例外,也无人能幸免。学生时代就搞好学习,恋爱季节就真心待人,职场岁月就尽心尽责。你要明白自己当前的首要任务是什么,然后做好它。这样的话,你才有可能在下一个年纪里随心所欲,在更高的层次里如鱼得水。

所以,即使有人告诉你,用六分努力就能蒙混过关,你也得做足十二分的准备,而不是在仅有两三成准备的时候,就侥幸地赌上一把。

所谓的高枕无忧,其实都是准备充分。

你与别人拥有一个差不多长度的人生,因为别人用心,而你马虎,所以到了最后检验成果的时候,别人功成名就、得偿所愿,而你除了耗光这一生之外,一无所获。

所以,不要再轻信"如果事与愿违,一定是另有安排"这样宽心的话了,你该警醒一点儿,如果事与愿违,就要反思,一定是自己有什么地方没做好。

好担心有一天，你照镜子的时候会对自己说："你长大了，也被毁得差不多了。"

2

老师逮住了三个逃课的男生，对他们讲了一番大道理，然后责令他们回去写检讨。说完之后，让其中两个离开了，唯有 Y 留了下来。

老师对 Y 说："你的检讨必须写够800字，并且回去让你的家长签字。"

Y 不解地问："都是一样逃课，为什么他们不用签字啊？"

老师说："看似是一样，一样的年纪，一样的倒数几名，一样在鬼混，但其实你们差很多。他们俩不务正业、不认真学习，他们的父母可以供养他们一辈子。你可以吗？你父母五年的收入加起来都不如他们家一个月的收入。你凭什么跟他们一样？"

差不多的另一层含义是，你们其实完全不同。

现实经常是这样的，很多时候、很多事情，就是别人可以，你不可以。

比如，你们都在差不多的学习环境里，度过差不多漫长的学期，但你需要靠拔尖的成绩才能挤进重点班，而他靠父母的关系轻松就可以实现。所以他平时可以逃课、可以不写作业，而你不可以。

比如，你们都在差不多的工位上，做差不多的工作内容，但你需要靠埋头苦干才能保住饭碗、加薪升职，而他只需凭"后台操作"就可以实现。所以他可以无所事事、可以马虎，而你不可以。

又比如，你们都在差不多的年纪里，用着差不多的社交软件。但你需要靠自己去交房租水电，去买房买车，而他一动不动也能衣食无忧，所以他可以整日优哉游哉，可以虚度时光，而你不可以。

看似是差不多，其实根本就没有可比性。这就好比说，你和大熊都差不多笨、懒、尿，但你没有哆啦A梦。

任何年纪，不公平都会以各种各样的形式出现，你要做的是接受它的坚硬、刻薄和不圆融。

但不公平本身会有一股暗黑能量，它和妒忌、不甘心一样，会促使你加倍努力。而努力的意义就在于，你能最大限度地纠正已经倾斜了的命运。

当你通过努力跟别人通过关系的结果是一样的：去了同一个班级，上了同一所大学，进了同一家公司，做着同样的工作……就是这个不公平的世界对你的让步。

你不用逼着自己去接受"不公平",你只需坚定底线:不为所谓的捷径摇旗呐喊。

你不必装出一副"我喜欢努力"的样子,你只需明白:不论累与不累,自己都无路可退。

你不用勉强自己去赞美困难,而是要相信:所有被千夫所指的困难,都是为了淘汰懦夫。

在一个集体里,看到好事落在别人身上,先不要急着愤怒地退出,或者自卑地隐身,命运不会因为你喊的嗓门大就对你公平一点,也不会因为你沮丧而待你温柔一些。

你要主动去搞清楚,别人除了靠关系还有什么优点,然后弄清楚"可以从哪些方面学习他",最后再试试看"在哪些方面可以超过他"……经历了几次这样的自我升级,你才有资格和别人同台竞技。

一遇到不公平就呼天抢地的人,不是太弱,就是太懒,看似是明辨是非,其实是一事无成。

换言之,"动口不动手"的不见得都是君子,还有可能是只会抱怨却好吃懒做的懦夫。

残酷的现实是，吃了"苦中苦"，不确定能否成为"人上人"，但可以确定的是，纵然你不想成为人上人，这人间的疾苦也不会绕着你走。是的，认输没用，你得反击。人们总说"时间能改变一切"，但其实是靠你自己去改变的。

毕竟，命运不会同情你，它只会托着下巴、眼睁睁地看着你——看你提着大大小小的竹篮子，去时光的河里打水。

3

西方有句谚语："没有一滴水，会觉得是自己引爆了山洪。"类似的还有，"没有一片雪花，会认为是自己造成了雪崩"。其实都是一个意思，就是忽略了当下对整个人生、细节对最终结果的重要性。

我要提醒你的是，时间不会美化结局，它只负责见证：看你由一个小迷糊变成一个老迷糊，看你的人生因为一点点细微的陋习变成一个无法修复的 bug。

你和别人都差不多，都希望瘦一点儿。于是你的图像上写的是"不瘦十斤不换图像"。然而，你一用就是好几年。其间逢人就说，"我是易胖体质，喝水都长肉，烦死了"。可事实呢，你根本就不是喝水长肉的"易胖体质"，而是吃完一堆东西，掉头就忘了，于是误以为只是喝了几口水的"健忘体质"。

你和别人都差不多，都希望能够有所改变。于是别人简单地写了"克制"两个字就消失了，直到有人告诉你，他上了北大清华。而你呢，你在新年或生日的时候列出一大堆的计划和愿望……然而，仅仅过了三四天，来势汹汹的努力激情，又都"去"势汹汹地冷却了；准备洗心革面的新的一年，又顽固不化地变得和去年一样了。

类似的"励志日常"还有很多。

"总有一天，我会拥有梦寐以求的身材和肌肤，可是，我要先把这盘麻辣小龙虾吃完。"

"总有一天，我会作息规律，每天都神清气爽，可是，我要先把这个剧追完再睡。"

"总有一天，我会参加一次马拉松比赛，可是，我的智能手表还没买，所以今天先不跑了。"

"总有一天，我会赚大钱，可是，我要先打完这把游戏。"

……

原来，你所谓的"新年新气象"，只是"新年一嚷嚷"；你所谓的"长大了一岁"，仅仅意味着"衰老了一些"；你所谓的"总有一天"，就是变相地告诉大家，"我永远不会"。

　　说来说去都是一些只要你坚持住就有很高概率实现的事情。能有多难呢？毕竟你所要面对的困难不是攻陷一座城池。

　　多数人的决心都是间歇性的，或是时过境迁就忘掉了，或是有求不应就放弃了。正是因为大多数人是做不到坚持的，所以让那些坚持下来的人，白白"捡"了大便宜。

　　"坚持"有点儿像"熬夜"。所谓"熬夜"，就是把别人都熬睡了；所谓"坚持"，就是等别人的耐心都耗光。

　　二者的不同之处是"结局"：那些熬得有滋有味的夜晚，终究是要拿头昏脑涨的早上来偿还；而那些日积月累的坚持，早晚会变成别人的望尘莫及。

　　人生是道选择题。形象点儿说就是：假设你是一只蚌，你是愿意含着一粒沙子，有痛楚却有盼头地活着，还是愿意可有可无，同时也没有希望地活着？

　　拜托拜托，别再让你的年初计划，变成了年终的笑话。

知道得越少，
越容易固执己见

1

有一次朋友聚会，到夜里两点多才结束。一上出租车，司机就跟我吐槽，大意是说，刚刚拉了一位年轻的女乘客，是金融专业的大学生，居然只拿1700元的死工资，而且经常需要加班到下半夜，而且公司连交通费都不给报销。

司机说完叹了一口："唉，不是我瞧不起现在的大学生，你看我，就初中文化，现在一个月轻轻松松七八千。"

我说："可能她是实习期，将来……"

司机打断了我，说："这孩子肯定是读书读傻了，一点儿真本事都没有，看来上大学也没有什么用！"

我说："可能性有很多，也许是她那个行业需要入职后在基层打磨一阵子，也许她是去了一家很厉害的公司，纯粹是为了学习东西；

也许……"

没等我说完，司机再次打断了我："我看不像，那姑娘说她是西部山区来的，肯定是家里困难。"

我问："你去过西部山区？"

他摇了摇头，"谁敢去那里？那边多苦啊。电视里都报道了，说那边上学都是步行，几十公里啊！家庭条件好点儿的就骑马，去学校上课也是学摔跤、骑马、射箭之类的，她能考上大学，估计是政策优待吧……"

我没再往下接话，看他一本正经的样子，如果不是我内心坚定的话，我甚至会觉得自己的前半生都白活了。

这倒也印证了一个道理：信奉读书无用论的人，基本上都不怎么读书；自认为见多识广的人，往往都没什么见识。

我们身边经常会出现这样的人，他们擅长对别人的选择评头论足，其言之凿凿的样子就像是掌握了人间至理。

他们最喜欢说的是"我肯定""没有不是的""绝对不可能""就是这样的"和不计其数的"你不懂"，以及没完没了的"你说的是错的"……

他们最喜欢做的事情是摇头、叹气、翻白眼，以及无数次不分场合地打断别人说话。

有个好看的姑娘在他面前叨咕了两句生活的不如意，他就当真了，觉得别人天天是在宝马车里哭泣。

没弄清楚一款优秀软件怎么用，他就开始抱怨："一点儿都不懂人性，这公司早晚要倒闭。"

和上司聊了两句话，他就开始犯嘀咕："没觉得这人怎么高明啊，是走了狗屎运才上位的吧？"

他从来不会反思一下：

如果别人的富足生活真的有那么的难过，为什么大家都在羡慕？

如果一家企业真的那么无能，为什么能够成为行业巨头？

如果上司真有你想象的那么白痴，为什么待在那个位置的不是别人？

因为缺少这样的反思，他就会产生一种错觉："对方其实过得不怎么样"或"对方好像没什么了不起的"……久而久之，他就会在不知不觉中变得固执，会对周围的一切采取居高临下的姿态。

结果呢，当你幽默的时候，他觉得你是傻子；当你自嘲的时候，他觉得你是傻子；当你认真表达意见的时候，他依然觉得你是傻子。

并且，你所有的优势，你所有努力争取的东西，在他看来都没有什么用。

　　"你懂那么多有什么用？""你学历高有什么用？""你嫁得好有什么用？""你长得好看有什么用？""你那么瘦有什么用？""你赚那么多钱有什么用？""你买了学区房有什么用？""你婚礼弄得那么大场面有什么用？"

　　就像是在说：你厉害，可我就是不服气，你能把我怎么样？

　　大概是因为，他无法在现实中获得足够的优势，所以只好在气势上立于不败之地。

　　是的，迎头赶上显然要比不屑一顾难得多，轻蔑显然比崇拜要有档次得多，提出反对意见显然要比附和显得高明得多。

　　碰见这样的人，最好的态度是：微笑着闭嘴，用心去做事。因为不论你是不动声色地纠正，还是拿着扩音喇叭纠正，对他而言都是无济于事的。

　　千万不要跟他辩个没完，更不要去争个输赢。结果往往是，争得面红耳赤却毫无结果，气得捶胸顿足却徒劳无功。

　　记住了：谣言止于智者，偏见止于"呵呵"。

2

一位搞餐饮的朋友在饭局上讲过这样一个故事。

主人翁是他邻店的老板，经营一家港式火锅店。因其环保意识比较强，所以在火锅店开业之前，特意从香港定制了一套油烟净化系统。要知道，当地很多饭店为了节省成本，往往是将油烟直接排进下水道里。

可让这位老板始料未及的是：这套价值十几万元的净化系统遭到了周边居民的强烈反对，因为它"长"得太吓人了——出气口的直径足足有一人高，而整个净化系统的高度足有两层楼，再加上外面涂着黑色油漆，远看就像是骇人的战争武器。

谣言开始蔓延开来，"这么大的烟机，污染肯定非常严重""看着就吓人""噪声估计也很大，以后可怎么睡觉"……

为了打消大家的顾虑，老板连续做了一个星期的宣讲，他逢人就解释这套系统的种种好处：不仅没有噪声和污染物，而且能够有效地降低污染，并且绝对安全。

可任凭老板如何诚恳地讲解，任凭老板摆出多么科学的证据，周围的人依然坚定地认为："这东西一定会有噪声，一定会产生污染，一定会危害大家的安全。"

事情一度恶化到有人夜里朝烟机里扔石头，还有人甚至在火锅店门前拉起了横幅，上面写着"人人生而平等，请不要拿别人的生命开玩笑"。

最终，本着"和气生财"的原则，老板无奈地将这套系统当废铁卖了，扣掉之前的运费和拆装费用，就剩七百多元。据说拿到这七百多元的时候，老板笑得前仰后合。

其实，世上的怪事和怪物并不多，多的是少见多怪的人。"少见"与"多怪"往往是因果关系，归根结底还是见识太少。

这种因为见识不够而固执己见的戏码在历史上曾多次上演。

几百年前，托勒密大声宣布，"地球是宇宙的中心"。

一百多年前，银行家信誓旦旦地说，"汽车只不过是个新鲜玩具，根本替代不了马车"。

半个世纪之前，晶体管的发明者坚定地认为，"人类永远到不了月球"。

几十年前，传统的大型计算机设备供应商很认真地说，"人们没有理由把计算机搬回自己家里"。

你看，历史确实教会了人类很多教训，其中最著名的一条是：没有人会吸取教训。

比如，看到马有四条腿、猪有四条腿、狗有四条腿，在没有见到鸡或者大鹅的时候，有人就敢断定：鸡有四条腿、大鹅有四条腿。

今天看见了一只白天鹅，明天又看见了另一只白天鹅，于是就下结论：天底下所有的天鹅都是白色的。

看到有人每天吸三盒烟，活到了一百岁，于是有人得出结论："寿命的长短其实跟吸不吸烟没什么关系。"

谈了几次恋爱，都被男生甩了，于是就四处宣布，"天底下的男人没一个好东西"；被某个物质的女人伤到了，就开始喊，"天底下的女人都一样的物质"。

听说了几个关于贪官和奸商的新闻，就得出了"无官不贪、无商不奸"的结论；遭遇了一次不公平的待遇，就得出了"做什么都得靠关系"的结论；看了几则关于富二代的报道，就得出了"富二代都是坑爹族"的结论……

因为见识少，所以"没有见过"就认为"它不存在"，所以"我见过这样的"就代表"都是这样的"。

嗯，不假思索无疑是最省劲儿的活法。

遇到这样的人，你肯定会觉得莫名其妙，觉得这种人是个笨蛋，但也许并不是这样。他啊，只是有着强烈参与讨论的愿望，却没有参与讨论的能力罢了。

原谅他们，宽恕他们，尽量不要回应他们。要知道，有时候你也是他们。

3

有人天生就有一双"发现美"的眼睛，所以他们成了生活的艺术家——过得尽兴，而不是庆幸。

有的人则天生就有一双"发现丑"的眼睛，所以他们成了生活的阴谋论者——毫无根据地胡乱猜忌，充满偏见地评头论足。

前阵子，老胡突然退了一个小学同学微信群，作为群主，我私信问了原因。

原来，群里有几个人将他升任公司主管的原因归结于"嘴甜""后台硬""运气好"……他实在是看不下去了。

我理解老胡的不爽，因为他确实是吃过苦的人。大年三十他还在公司里加班，一碗桶面配两根香肠就算是过了年；营销方案失效了，他就得连续熬几个通宵，熬到满眼血丝那是常有的事儿……

老胡说："我相信努力，也只有努力了，我的心里才能安稳一些，会觉得这一天没有白过。我只是比任何人都拼命工作，一步一步才走到今天的。他们凭什么那么轻易地抹掉我的努力？"

我安慰他说："大概是因为，他们满脑子是捷径，平时张嘴闭嘴都是人脉，遇到挫折就怨天恨地，所以他们肯定理解不了'仅凭努力也可以成功'的。"

越是没有能力去改变自己生活的人，就越喜欢对别人的改变评头论足。

一个人最大的恶意，就是把自己的理解强加于别人，把所有的结果理所当然用自己的臆想来解释，并一直坚信自己是对的。

这样做的结果是：自己懒，却说路太难；自己笨，却笑刀太钝。

总结来说就是，在跪着的人眼里，站着的人都是异类，就像在笼子里长大的小鸟，会以为飞翔是一种病。

其实，哪有什么好运气，哪有什么大器晚成，不过都是苦尽甘来。

很多人以为的"好运气"有时候就像是一大包从天而降的垃圾，不偏不倚地击中某个人的脑门。

没有准备的人只会懊恼："哪个浑蛋这么没素质？"而那些有实力、有韧性、有准备的人则会微微一笑，默念一句："终于等到你，还好我没放弃。"

在2012年的北大毕业典礼上，著名媒体人卢新宁曾说道："我唯一的害怕，是你们已经不相信了——不相信规则能战胜潜规则，不相信学术不等于权术，不相信风骨远胜于媚骨。"

为什么不相信，是因为当下的时代里，"追求级别的越来越多，追求真理的越来越少；讲待遇的越来越多，讲理想的越来越少"，所以她大声疾呼："在这个怀疑的时代，我们依然需要信仰。"

要信仰什么呢？信仰努力而不是运气，信仰尊严而不是嘴甜，信仰本事而不是关系。

这时候，对于这些活得不幸福、从来没成功过的人，应该允许他们强调这个世界上不存在幸福和成功这样的东西，因为这种偏见会让他们失败的人生显得更轻松一些，遗憾更少一些。

可你要明白，自欺并没有改变处境，只是麻痹了自己。

这个世界虽然不够纯净，但还远远不能埋没那些真正才华横溢的人。

所以，我希望你还能认真，还能赞美，还相信努力，因为脑袋里的见识、格局、教养和苦练出来的本事是任凭命运敲骨吸髓也剥夺不了的。

如此一来，就算是哪天掉进了人生的坑里，脑子里的东西和手上的本事也能救你脱身。只有那些手上空空、脑袋空空的人才喜欢用手指头和舌头去和全世界开战。

4

由罗尔夫·多贝里所著的《清醒思考的艺术》一书中讲了一个有趣的故事。

一位头戴红帽子的男人，每天早上九点钟左右出现在广场上，然后疯狂地挥动他的红帽子。持续大约五分钟，然后他就消失了。

有一次，一位警察前去问他："你为什么要这么做？"

男人说："我在驱赶长颈鹿。"

警察说："我们这里没有长颈鹿。"

男人坚定地说："对啊，就是因为我，所以没有长颈鹿的。"

人一旦有了一个自认为正确合理的目的，就会替自己的行为辩解，就会觉得自己做什么都是对的，根本就意识不到自己的言谈举止有多可笑和愚蠢。

比如，因为自己喜欢的明星艺人缺席了某次晚会，就会有人去人肉并咒骂导演；因为富人没有按照自己希望的方式去捐款，就会有人在灾难之后去逼捐……

现实中这样的人更常见。

工作中出成绩了，他就会觉得都是自己的功劳，出问题了，原因都是别人的。

感情出了问题，他解释几句就是"为了化解矛盾"，别人解释几句就是"纯属没事找事"。

别人考砸了，他觉得是因为别人笨，自己考砸了，却说是因为天气太热了。

游戏赢了，他觉得"老子天下无敌"，游戏输了，他就开始喊"真是一群猪队友"。

真是替你担心，当有一天你决定静下心来和自己和睦相处的时候，你却突然发现，原来自己是那么的不好相处。

其实，"感觉错了"并不可耻。毕竟，没人能知道一切，没人能搞定所有问题。说一句"我不知道"没什么丢人的，承认一句"是我的责任"不会掉价。就怕不懂装懂，然后习惯性地把固执当个性，把坚持观点当成捍卫尊严。

每个人都像是井底之蛙。不同的是，有的井口大，有的井口小，有的井深，有的井浅。但井底之蛙最可悲的地方不在于井的深浅和井口的大小，而在于你这只蛙根本就不想跳出那口井。不论别人怎么描绘外面世界的多彩和多姿，你只会"坚守"在井底，一边画地为牢，一边将"固执己见"当成"坚持己见"。

我的建议是，先打开门，再走出去，然后睁开眼，等看清楚了，最后才是张开嘴！

你的眼界打得越开，就越知道世界有多广阔；你的知识储备得越多，就越知道自己有多浅薄。

怕就怕，在变成一个才高八斗、满腹经纶的不可爱大人之前，你早早就拥有了一副"愁"高八斗、满腹痉挛的迷人模样！

谣言止于智者，

偏见止于"呵呵"。

I'm watching you

小人不对我笑，
心里格外踏实

1

很多人是被咬了，才知道身边有虫子。

深夜里写稿，突然收到一条微信，是嘉小姐。

她说："这个世界真的很浑蛋。埋头苦干的人反倒被批评，就像个白痴，而谎话连篇的人却一本正经，就像个君子。"一打听才知道，她这是在公司里吃了暗亏，正准备发发牢骚。

嘉小姐在一家视频网站当内容主管，和她共事的是一位男士，暂且称他为 R 先生。

刚来公司报到时，正是 R 先生带她熟悉工作环境和工作内容的，因此嘉小姐一直视 R 先生为前辈。

平日里工作交接，R 先生也表现得很随和，见面打的招呼、私下聊天时的笑脸都让人觉得暖和。

可就在昨天上午，老板当众给 R 先生发了一个大红包，以示嘉奖他最近的突出表现，而做同一项目的嘉小姐则是被老板黑着脸"请"进了办公室。

一头雾水的嘉小姐很忐忑，随后的谈话内容则让嘉小姐近乎崩溃。通过老板的批评得知，本是合作完成的项目，成果却被 R 先生给独吞了。

更过分的是，但凡是某段视频的点击量很高，R 先生就邀功说是他的勤劳与远见；而一旦看见视频内容有瑕疵，R 先生就将责任全都推给了嘉小姐。

结果是，老板严厉地批评嘉小姐"工作没有上进心""做什么都不仔细"，同时还再三强调，"要多向 R 先生学习"。

嘉小姐在微信里对我说："怎么会有这种人？当我拼死拼活地在前线战斗时，他居然在后面朝我放黑枪。为了达到让老板重视的目的，他不惜踩着我往上爬！"

我对她说："一个看似成功的自私小人，身边一定有一些甘于奉献的老好人。比如你这样的——既好欺负，又好哄，同时勤奋上进，而且道德水平还很高。对于他来说，像你这样的人越多，他活得就越好。"

她又问："那我该怎么对付他呢？"

我的回答是，"莫与小人为仇，小人自有对头。你的征途是星辰大海，何必纠缠于这半亩方塘？"

正所谓，欲成大树，莫与草争；将军有剑，不斩苍蝇。

小人最大的能耐，就是毁掉你对世界的好感，毁掉你的原则、底线和格局，然后让你相信，只有和他那样做小人才是人间正道。

所以，为数不多能够战胜小人的对策是：不要生气，暗自努力，攒够本事，然后甩开他。

小人敢惹你，说明他已经掂量了你当前的实力，认定了你暂时伤害不到他。更重要的是，你的时间和精力都放在正事上，而他却可以一门心思地对付你，那你肯定斗不过他，毕竟"术业有专攻"。

所以，你先要做好"敌不过小人"的心理准备，同时也要做好"长期与小人相处"的打算。

你只需对他们微笑，保持客气，然后做一个"看起来毫不知情"的知情人，让他们意识到"这个人是无害的"。

个人意见是，在小人面前表里不一算不上虚伪，而是彻底摆脱他们的必由之路。

再说了，这年头，谁不是带着一箱子的面具走江湖？

2

知乎上有个匿名发表的帖子，大意是说，室友去洗澡，把手机交给发帖人看管。结果他"无意"间翻看了室友的记事本，然后"意外"地发现了一个惊天的秘密——室友在数年前曾被人强奸过。

自此以后，发帖人就觉得室友很脏，甚至瞧不起室友。于是就发帖提问："该怎么克服这种心理？"

获赞最多的回答是这样的："你的室友将一个藏了无数秘密的手机交给你看管，表明她对你极大的信任。你既没有对自己偷看手机的行为感到抱歉，反倒还觉得别人恶心。真的，但凡还有一些人性的人，只会假装这件事从来没有发生过。至于你问'怎么克服恶心'，恕我作为一个人类，无法理解禽兽的想法！"

人类最擅长的事情，不只是发明和使用工具，还有"原谅自己"。因为人总会为自己的行为辩解，并且在不自觉中使其合理化。

结果呢，纵然是做了违背道德良知的事，也不觉得错，反倒觉得很应该，甚至还把自己当受害者。

能演聊斋的人，就别去装小白兔了。

人与人相处，最重要的莫过于人品。

做错了事，首先要准备为自己的错误付出代价，而不是想着怎么让自己心安。别人能原谅你，那是别人大度；别人不能原谅你，那也无可厚非。你不能因为"我都道歉了"就理所应当地要求宽恕。

欠了钱，就应该想方设法地按时如约偿还，而不是借的时候堆满笑脸，借完之后装作忘了。别人借钱给你是支持你，不催债是信任你，而按时还钱是诚信，你不能拿别人的支持与信任来为自己的失信买单。

羡慕谁，就向他学习，努力向他靠齐，而不是陷害或者诋毁他。诋毁、拆台、鄙视并不会让你的本事长上去，你的逻辑思维不过是，"既然我混得不好，那我也不想让你好过"。

没有本事可以日日精进，没有文化可以寒窗苦读，没有容貌可以改头换面，但如果心眼坏了，是真的没法治。

人品差，再细嫩的肌肤也盖不住骨子里的邪恶，再名贵的香水也掩不住灵魂散发出来的恶臭，再多的智慧也藏不住思想上的肮脏，再华丽的服饰也遮不住内心的龌龊。

人品差，就意味着他有重大的人格缺陷。不论是和他做朋友、共事，还是恋爱、结婚，早晚会被他坑得很惨。

所以，适时地示弱、忍让，在气势上退避三舍是很有必要的。

诚如电视剧《付岩洞的复仇者们》里说的那句不文雅但很真实的话，"一坨大便，所有人都躲着它，于是它就以为自己很了不起，其实别人只是怕臭而已"。

如果你想弄清楚这种人的心思，你一定要天天锻炼身体，吃斋念佛，参禅打坐，以求长命百岁。要是不努力活得久一些，是很难参透的。

3

总有人提醒我们，"三人行，必有我师"，可当你带着学习的态度，试图去了解那些你真心讨厌的人时，你只会觉得"他们绝对是越看越讨厌"。

所以我的结论是，所谓的"三人行，必有我师"，不见得非要从这些人身上找出闪光点，然后逼着自己去喜欢他们。

不只是这样的。"三人行，必有我师"还有一层含义是：心里明白他们的烦人之处，然后尽可能地别像他们那样烦人。

小人是怎么使坏的呢？常见的有以下这些。

一是钻空子。有好处就捞，有难处就逃，有责任就推。

二是见风使舵。在上司面前能做到阳奉阴违，以显得自己忠心耿耿；见了同级就心口不一，并伺机挖坑钓鱼；见了下属就耀武扬威，让自己显得高人一等。

三是用否定别人的方式来提升自己的存在感，并认为这是个人价值。

四是无风能掀起三尺浪，然后看别人倒霉或出糗，并以此为快乐之源。

小人的招数很多，这也意味着小人难防难躲。你能轻易地躲开一头大象，却躲不了苍蝇。

所以你要做的是，接受"小人"这个物种必然会存在的事实，同时也要尽量避免被他伤害到。

我的建议是，为了多活两年，你要学着饶恕。饶恕其实就是变相地放过自己，诚如王尔德所言，"你不能为了报复谁，而总是在怀里养一条毒蛇；也不能为了防着谁，而夜夜起身，在灵魂的园子里栽种荆棘。"

值得注意的是，小人不等于饭桶。事实上，小人不仅有着过人的情商，能让大多数人看不出他是小人，而且还有很厉害的本事，甚至远超过你现有的水平。这就意味着，对付小人常常是一场"一对一"的艰苦战斗。

如果暂时无法摆脱他，就在心理上与他保持几亿光年的距离吧。

他若是夸你，你大可不必太当一回事。他用几句话将你捧得很高，但是从几万米摔下来的时候，他才不会接住你。

他若是要给你好处，你切记不能贪心。一旦你无功受了禄，就会被他捆住。他此时能给你太平天下，彼时也能让你不见天日。

同样重要的还有，不要想着去"骂"醒一个人。如果你跟他较真，他甚至会觉得你才是小人。也不要费力气去与讨厌的人生产友谊。任何关系的底线是，不要把自己搞得太累。

最好不过是，大路朝天，各走一边。

让一个人改头换面的难度，不亚于向一只皮皮虾解释"莎士比亚是谁"。

张爱玲说："道不同不相为谋，你讨厌我，我也未必喜欢你。各走各的岂不是更潇洒？何必咄咄逼人，费了口舌也讨人嫌。你闲得慌，我可没空陪你。"

共勉。

人生不如意，
十有八九是自找的

1

豆子又把老板"炒"了，如果我没记错的话，这应该是他毕业三年来"炒"掉的第七个老板。

和前几次的辞职理由差不多，无非是"这个老板有眼无珠，私心太重""那个同事钩心斗角，充满偏见""自己不愿意留在这里同流合污，辞职是为了独善其身"……

豆子是我的老乡，很清高，也确实有清高的本钱。七年前，他以高考总分全市第二的成绩考入一流大学。在很多孩子眼里，他是榜样，在很多家长眼里，他前途无量。

然而，一进大学校门，那个崇尚努力、凡事认真对待的豆子突然就消失了，他的想法发生了180度的急转弯，他开始觉得"生活是拿来享受的，青春是用来浪费的"。

他不再关心成绩，不在乎排名，不参与社交，也不再相信"书中自有黄金屋"，而是没日没夜地埋在电脑前，追着没完没了的网剧，玩着可以无限续命的游戏。总结来说，他大学的生存状态是"活着就行，混一天算一天"，对学业的态度是"及格就行，多一分都是浪费"。

就这样，过了四年"拿钱混日子"的校园生活，等着豆子的是"拿日子混钱"的社会生活。

毕业之初，他觉得自己很有骨气，所以看不起别人的媚俗和讨好；他认为自己的格局远大于其他人，所以就算是被应聘公司拒绝了，被老板辞退了，他得到的不是经验教训，而是不屑。

当面试官问他大学学会了什么时，他的实际情况是"学会了上网和自拍"，若是追问他有什么特长时，他能说的恐怕只有"熬夜是一把好手"。

尼采说，"但凡不能杀死你的，都会使你更强大"。但现实中更常见的是：但凡不能杀死你的，会接二连三地来杀你。

所以老板看完他交差式的文案之后，就开始怀疑他的学历了；所以同期参加实习的几个人里，只有他是被通知离开的那位。

他也想过要改变，可他的改变着力点放在了改变环境上。他转行学过电工，后来发现没兴趣就放弃了；后来花很高的学费去学网络工程，却只学到了一点儿皮毛；再后来做仓管，因为不细心而被辞退……

我想说的是，你一点儿崭露头角的迹象都没有，又凭什么要求别人有眼光？

你责怪完了环境，又去责怪命运，却偏偏不肯承认：你如今的不如意，主要是因为自己懒惰了，一遇到困难就跪下了。

很多人都有类似错觉：以为只要换换环境，自己的人生就会有起色。

上学的时候，发现同学们都不怎么好相处，你首先想到的解决方案是"换个班"。从来没有反思一下自己的交际能力、学习能力，或者自己待人接物的方式会不会有什么问题。

恋爱的时候，稍有不满就觉得是对方不适合自己，第一个蹦出来的想法是"换个人"。从来没有想过不是自己的表达能力有问题，或者有什么地方没做到位。

工作的时候，被老板否定了一下，第一个念头是"换工作"。从来不去想一下，怎么让自己的水平更高，或者让自己更有竞争力。

那结果自然是：山重水复还是无路，柳暗花明又是一劫。

"一遇到困难就跪下"，不仅是你生活不如意的理由，还是你不思进取的避难所，以及假装清高的遮羞布。

因为"我很懒"，所以"我有理由什么都做不成"。就好像在说，"只要我勤快了，就能轻松甩别人好几条街，所以就算别人成功了，也没什么了不起的"。

这种"懒"表现在生活中就是"事事都不争不抢、时时都无欲无求"，所以你才会逢人就说，"我不想争""我无所谓输赢""我不在乎成败"，而实质却是：你在用清高的方式来伪装自己内心的胆怯、思想的懒散和行动的不作为。

你表面的不屑，只是因为你骨子里不敢；你脸上的无欲无求，对应的是你脑子里一筹莫展。

你曾对自己的期望是：阳光下像个孩子，单纯有趣；风雨里像个大人，沉着冷静。

结果呢？阳光下像个一脸世故的老人，什么都不屑去做；风雨里又像个一脸无知的婴儿，什么都不会做。

如果你真的觉得"不争不抢，自己想要的，都在来的路上"，那我只好对着空气喊一嗓子，"你不想要的，也在来的路上"。

2

有人用小号在微博里给我发私信："我今年26岁，目前还是一事无成，每次谈到梦想就会被周围的人嘲笑。"

从他的描述中可以大致了解他的现状和梦想：物理系毕业，目前在一个小县城里当中学老师。结婚两年，有个半岁的孩子，有房贷但压力不大。目前的梦想是考上博士，长远的梦想是去大城市里定居，最好是能当一名大学教授，做做科研之类的。

他问我："我的梦想是不是很可笑？"

我说："怎么会可笑呢？过了24岁还在坚持梦想的人，就已经是半个英雄了。"

他说："英雄不敢当，坚持也谈不上。想考研甚至考博却根本抽不出时间，在学校要备课，回家要带孩子……想去大城市里定居却没有那个经济基础，一套房子几百万呢。当大学教授更难，要有多硬实的关系才进得去……"

我说："那就挤时间准备呀，按照你的规划一步步来，不试试怎么知道行不行？"

他回答说："你的这些大道理我都懂，奈何现实里寸步难行。"

我问："所以，实际上你什么都没做？"

他没有再回复我了。我这才明白，他不是来跟我探讨人生的，仅仅只是想要吐槽一下，以期让生活没有那么难过。

我突然意识到，那些嘲笑他的人，嘲笑的根本就不是他的梦想，而是他高调公布梦想之后的不作为。

这就好比是，你发誓要在三天之内登上"跳一跳"游戏的榜首。然后，你既没有费心思学习教程，也没有费时间多尝试几次，而是在第三天到来之前，把那些比你厉害的朋友都删了。

主持人张晓楠在参加一个论坛时说过这样一段话："不要总在一个黑屋子里，一个封闭的空间里，做着你的准备，想象着某一天，你可以登上一辆快车，高速前进到达你梦想的远方，这是很难的，甚至是不可能的。如果你眼前有一辆慢车，甚至是破车，但是它在朝你梦想的方向前进，跳上它，开始走吧。只有当你开始真正往前走了，你才能慢慢看清楚，你梦想的样子。"

是的，没有速度，只有加速度，你哪里也去不了。

踮起脚就能拿到的，根本算不上梦想；拼老命蹦起来才能碰着的，才勉强算是目标；需要搬梯子、爬高墙，甚至是要等待很多年的，才能算是梦想。

梦想不是空想。如果你所谓的梦想，只是你随便想想，那么你当前的无奈生活，注定是困难重重。

更严重的问题是，过度使用想象会耗光你的热情。你想到了规划初期的热情满满，想到了过程中的曲折，也想到了结局的不如己意。当想象停下来的时候，激情已经用完了，你也就没什么动力去执行了。最后，因为你勤于思考却懒于行动，所以未曾出发就已经累得半死。

人之所以喜欢想象，是因为想象可以产生一万种可能，每一种可能都看起来顺理成章，而现实却只有一个结局，而且常常还是漏洞百出。

更重要的是，想象可以天马行空，而且不费力气，而执行需要大费周章，还有可能处处碰壁。

可问题是，仅凭想象是撑不起人生的。你对现状的种种不满，并不都是因为你运气不好，不是你不够好看，不是你没有能力，不是你不上进，九成以上是因为你懈怠了，胆怯了，放弃了。

明明有计划，却提不起精神，心里想着再等等看，觉得"一切都还来得及"。可等的过程又觉得"空虚无聊寂寞冷"。

整天都在思考如何改变命运，可稍微努力一下子，就想放烟花让全世界知道；稍微吃一点儿苦头，就想被人"亲亲抱抱举高高"。

到末了，除了年纪在长，皱纹在长，烦恼在长，梦想搁浅，你想要的还是没得到，你喜欢的还是与你无关。

如果你在事实上选择了随波逐流，就不要逢人就说自己还有梦想，因为不付诸行动的"理想主义者"最容易变成眼高手低的"颓废主义者"和一生都碌碌无为的"悔恨主义者"。

很多人的一生都是在悔恨中度过的。看到高考分数的时候就说，"要是再给我一次机会，我一定不会那么粗心大意"；在职场上处处碰壁的时候就说，"要是再给我一次机会，我一定在大学里就好好准备"；被分手了就说，"要是再给我一次机会，我一定好好珍惜"；在一段不如己意的婚姻里煎熬着就会说，"要是再给我一次机会，我一定不将就"。

你看，你所谓的清醒，仅仅意味着后悔。

所以，不要在年纪轻轻的时候就觉得自己已经跌到了人生的谷底，其实吧，你还有很大的下降空间。

3

在一次公开课上听过这样一则故事。说有一位黑人以难民的身份来到美国，他想永久留下来，前提是他能有一份稳定的工作。

在志愿者的大力帮助下，难民如愿入职了。可没多久，他却嫌弃工作太辛苦，就走了歪路，后来因为"入室盗窃"而被捕入狱。

审理此案的大法官也是一位黑人。在宣布"判处18个月监禁"之后，难民抬头问大法官："这个判决对我留在美国有影响吗？"

大法官一脸严肃地回答："我没有义务向你提供法律建议，你可以咨询一下你的律师。"

难民突然怒了，他在法庭上大喊大叫："你不该歧视黑人，你不能就这样把我赶走，我的国家正在发生战争，我回去只有死路一条。"

等他喊完了，大法官冷静地问："歧视？"然后挽起自己的袖子，指着胳膊对难民说："关于'颜色'，我曾经受过的歧视并不比你少。但现在不会有人歧视我了，因为我现在的一切都是我自己赢来的。"

残酷的现实是，这个世界只关心你能提供什么样的筹码，不关心你想要什么。

怕就怕，你只是用配角的心态做事，用主角的姿态邀功；用判官的眼光来挑剔别人，又用窦娥的嘴来替自己喊冤，羞不羞？

任何东西都是有代价的。想要什么就去努力争取，喜欢什么就去尽心做，不会就去学。一天学不会就学三天，以"天"算不够就按"月"算，按"月"算不行就按"年"算。

再微不足道的出身，再细小的努力，乘以365天，乘以N年，都将是惊人的。

最懒的想法莫过于：说一说大话，就想拥有美好的生活；读一读道理，就想改变人生。

4

有人问："为什么很多人会缅怀青春？"

让我印象深刻的答案是这个："因为青春能掩盖很多问题。穷一点没什么，毕竟还年轻；教养不够也没关系，品行不坏就行；懒得锻炼也没问题，新陈代谢高……可是，等青春的遮羞布拿开，穷、懒、丑就掩饰不住了。"

说实话，我不知道青春怎样过才不算后悔。因为任何一种活法都会存在后悔和遗憾，任何一种选择都存在风险。

就像法国哲学家保罗所说："当你发明了轮船，就发明了海难；

当你发明了飞机，就发明了空难。"

但是，你不能因为有风险就拒绝一切改变或投入，不能因为"可能徒劳无功"就不劳了。你该追求，不是零后悔、零遗憾，而是尽可能少一些后悔和遗憾。

可你呢？嘴里喊着"我不将就"，实际行动却是对每一个颓丧昨天的冷淡抄袭；表面看起来青春无限，实际就只剩一个萎靡不振的皮囊。

新年才过两个月，你就好意思握紧拳头暗暗发誓："我决定从明年起重新做人！"

一个月才过了三天，你就好意思"暗下决心"："我准备从下个月开始好好学习！"

早上醒来吃完油腻的火腿和三大块蛋糕，然后认真地告诫自己："我决定从明天起努力减肥！"

那今年呢？这个月呢？今天呢？你的意思是，你准备都混过去？

不动声色确实是一件很值得提倡的状态。但是它的内核应该是"不动声色就能把事情做了、做好"，而非"不动声色地什么都没做"。

否则的话，你以为是"以梦为马，随处可栖"，实际却是"以梦为马，越骑越傻"。

连续加三个星期的班，很有可能是因为你平时没怎么认真工作；连续吃一个月的素去减肥，很有可能是因为你平日里无肉不欢，并且嗜肉如命；闹掰了再去拼了命地挽留，很有可能是之前把别人的心伤透了……所以，当别人在同情你、歌颂你的时候，你要清醒地知道，其实是自己罪有应得。

所有你此时此刻的手忙脚乱和悔不当初，都是因为某件事情开始得太晚。是的，所有的。

其实，每个人都像是一个农场主，你的人生就是你的土地。与其对别人的丰收眼红，不如低头去耕耘。

诚如胡适先生所说："昨日种种，皆成今我，切莫思量，更莫哀。从今往后，怎么收获，怎么栽。"

我的建议是，当你想要做什么，想去某个远方时，请不要把"也许""或者""可能"的因素考虑在内；也不要把"会有好运气""会有人帮我"考虑在内。因为人的运气总是时好时坏的，所谓的"贵人"分分钟有翻脸变卦的可能。

换言之，外界的一切因素都是不可预测、不可控制的变量，唯有你自己，才是那个不变量。

还是那句话，现在你不努力去让自己过上想要的生活，那么以后，你就会有大把大把的时间，去过自己不想要的生活。

你弱的时候，
坏人最多

1

刚实习的时候，租过一套老房子，隔壁住着一位三十多岁的男人，腿脚有点儿残疾，但并不影响行动。

听周围的大爷大妈说，他在几年前受过工伤，为了讨要赔偿，他恨不得跟全世界打官司，现在基本靠低保维持生活。末了还特意提醒我"没事不要招惹他"。

一天晚上，我听见门外有人说话，开门发现是一位老大爷。只见他颤颤巍巍地从凳子上下来，手里拿着一枚灯泡。

老大爷敲了敲邻居的房门，里面传来一个咬字清晰却极不耐烦的声音："干什么的？"

老大爷隔着房门说："我看你家门口的灯坏了，就给你换了一个灯泡。"

里面随之"砸"过来一句话："我没有让你换，这灯泡的钱我可不出。"

老大爷尴尬地朝我笑笑，轻声嘀咕了一句，"我不是来要钱的"。

大约过了半个月，走廊的灯又坏了，这次却没有人再帮忙修了。那个男人就跷着二郎腿坐在门口长吁短叹："上学的时候被同学欺负，工作的时候被老板欺负，现在腿脚不灵了，又被一盏灯欺负。"

有人搭话："那你为什么不找个人帮忙修一下啊？"

他一脸委屈地说："左邻右舍都看见了，也没有人过来帮一下，我还能指望谁？"

什么是弱者？弱者就是自己不好意思开口，却总希望别人能来问一问。

这种人很可怜，同时也很可笑。

"别人主动来帮"不代表"别人是吃饱了撑着没事干"，"需要帮忙"不等于"别人搭把手是理所应当的"。

"做好事"不等于"二十四小时都必须为你在线"，"当好人"也不等于"对谁都得扮成天使"。

别人可以做到"不图回报和感恩"，但这也只是别人对待世界的胸怀和气度，而不是你心安理得的借口，更不是你理直气壮的理由。

"弱"只是你的社会地位和个人能力的注解，不是你用来要挟世界、得到支持的资本。

生活中类似的情况很多。

明明就是希望别人从老家捎来一箱土鸡蛋，说的却是"你开车路过我家的时候，顺便帮我带一下"。末了，你妈妈在电话里再三提醒你，要好好感谢一下别人。你听了，从一箱鸡蛋里挑了三个送给别人，心里话却是："谢什么谢，顺路而已，一箱鸡蛋又不费什么油。"

明明就是需要别人费力去完成剩下的工作，说的却是"你不忙的时候，顺便帮我做一下"。等别人做完了，犯了一点儿错或者稍露一点儿难色，你就炸了，"这有什么为难的？帮一点儿忙就甩脸子"。

明明就是希望别人下楼去买午餐，说的却是"你吃午饭的时候，顺便帮我带一份"。并再三强调"带什么都行"。等别人将午餐送到你面前的时候，你连一句"谢谢"都还没来得及说，就率先表明了自己的饮食喜好："我不吃洋葱，这怎么都是洋葱啊！"

你看，口口声声说自己不想麻烦别人，却时时事事都在麻烦别人，看似是在尽量避免麻烦别人，但实际上是希望享有"别人来帮自己"的权利，却不愿承担"感激或者回报"的义务。

问题是，就算别人真的只是"顺便"帮了你，你就不该态度诚恳地说一声"谢谢"吗？你就不该适当地、主动地回报一下别人吗？

把人生过得一塌糊涂的不见得都是弱者，也许只是失败了而已。但如果一个人总觉得"被人同情"和"得到帮助"是理所应当的，那他注定是弱者。

和比自己富有的人一起吃饭，你觉得对方买单是正常的，"他那么有钱，对吧？"

和比自己厉害的人一起玩耍，你觉得他就该让着自己，"让一下又不会死，对吧？"

听说那些比自己条件好的人成功了，你愤愤不平，然后心有不甘地说："我只是没有机会而已。"

看到那些和自己出身相同的人变成功了，你满心失落却又满是不屑地说："换我也可以，我只是没做而已。"

可是，大家都是第一次做人，谁有义务让着你呢？

当有一天，你发现自己可以麻烦的朋友越来越少，被人拒绝的次数越来越多，看见的都是越来越为难的表情时，希望你得出的结论是，"我之前肯定是一个很差劲的人"，而不是"世道变坏了，人心寡淡了"。

　　毕竟，生活不会无缘无故地偏袒弱者，就像历史不会勉为其难地铭记凡人。

2

　　柯先生在向我绘声绘色地描述他早年的"笨蛋和无知"时，已经是独当一面的部门经理了。

　　初到这家公司时，柯先生还只是个心高气傲的大学生。结果第一天上班，顶头上司就省掉了所有的客套，直接让他下楼给自己买一杯咖啡，还特意强调"要深度烘焙，要两包糖"。他先是愣了一下，最后低头、转身。在买咖啡的路上，他念了一百遍"什么浑蛋上司"。

　　为了和同事们搞好关系，他主动承担了下楼取餐的任务。可每逢他想要一点帮助时，几乎没有人会搭理他。大家更愿意找他换一下桶装水，或者指派他去打印室里取一下复印件。在每次聚餐都被大家无视时，他念了一百遍"什么浑蛋同事"。

　　当连续几个星期的加班加点也只是换来上司的一句"完全不行，再做一份"时，当每次碰面的毕恭毕敬都只换来同事们的熟视无睹时，柯先生有点儿绝望了。

　　他理解不了，也接受不了这种待遇。他觉得自己足够努力，对上司也足够忠诚，对同事也足够热情。所以他能得出的结论是，"上司不重视自己"就是因为"上司没有眼光"，"同事不理睬自己"就是因为"同事都是势利眼"。

弱者的策略总是趋同：一旦自己混得不好，就到别处去找原因。要么是觉得周围的人都很坏，要么是觉得命运处处在刁难。

他一心想要展现自己的努力和忠诚，却没想过公司需要的是"能把事情做完且做好"的人；他不遗余力地帮着同事处理杂事杂务，却不知道同事们更看重的是创意和见识。

他不会反思一下自己的趣味、修养和技能，能否达到被某个人重视、被某个圈子接纳的标准。

一个人还在成长的表现是，当他回顾自己最近几年的表现时，会觉得某一刻的自己很幼稚，偶尔还会觉得"嗯，那是个笨蛋"，甚至为当时的一些举止和想法感到尴尬。

他自嘲说："那时候的我，真的是蠢到家了。如果哪天在公司门口捡到了一盏神灯，我肯定是一脚将它踩扁，扔进垃圾桶里，然后发个朋友圈晒一下自己的责任心：'公司是我家，环保靠大家。'"

直到五年后，那个自命不凡却又无足轻重的少年被打磨成了成熟稳重的部门经理，当年的不堪与难过也都淹没在了谈笑之间。

那时瞧不上他的上司，现在将柯先生奉为上宾了；当初对他颐指气使的同事，现在也开始将其视为核心了。

他说："别人的态度哪分什么善恶与好坏，它只取决于你是能够独当一面的强者，还是不分青红皂白的弱者。"

成长的路上，顺其自然到底有多"自然"，你其实是感觉不到的，但残酷现实有多"残酷"，你会感受得尤其明显。

因为现实会反复地向你证明：你弱的时候，坏人最多。

当你还是个初出茅庐的小职员时，就一定会有一堆人冒出来，对你的策划案指指点点，这个地方改一下，那个地方完善一下……你觉得他们给的意见都没什么意义，可是你还是要挖空心思去修改。

当你在行业中极其弱小的时候，就会有不同的人在不同的环节待你苛刻，这个地方拖一下款项，那个地方逼迫你改一下规则……你觉得他们不讲规矩，毫无契约精神，可你不得不继续和他们打交道。

因为弱，你的选择权、话语权和主动权就不会属于你。所以，别急着去满世界找人脉、找朋友、找知音了，先把本事练好吧。

人生的路途中所谓的"门槛"其实都是相对而言的。本事够了，它就是门，而且还会有人迎着、领着；本事不够，它就是槛，而且还会有人拦着、撵着。人生的磕磕绊绊，多半是因为本事太小了。

3

微博上看到一个故事，是一位交警的自述。

说是一辆电瓶车与一台宾利发生了剐碰，交警根据现场的监控录像得出结论：电瓶车司机随意变道，由他负这起事故的全责。

这本来是一件责任明确的剐碰事件，宾利车主甚至表态愿意走保险，自己承担宾利车的后续修理费用。

结果电瓶车司机却不干了。他先是要求宾利车主赔偿电瓶车的修理费，"你们有钱人不差这点儿钱"；继而要求去医院体检，因为他觉得"自己是被撞的一方，身体哪哪都不舒服"，最后当众奚落交警"你这是嫌贫爱富，偏袒有钱人"……

交警在自述的结尾说："我不会偏袒富人，但我也不会偏护得寸进尺的市井小人！"

弱者永远有一肚子的正义和委屈，他本身没有什么值得骄傲的资本，却要表现出张牙舞爪的姿态，以此来掩饰内心的孱弱和底气的不足。

他喊了一百句狠话来表明"我不是好惹的"，却做了一百件事情来提醒别人，"快来同情我吧"。

明明应该反思"我是不是哪里做得不好"或者"我会不会是做错了什么"，结果变成了"A这几天对我很冷漠，肯定是有人在背后说我坏话了！""B说要请我吃饭，是不是做了什么对不起我的事情！""C送了我一盒巧克力，哼，无事献殷勤，非奸即盗！"

带着这样的心态待人接物，别说增长感情了，不拉黑屏蔽这些"坏人"简直就对不起自己的"超强逻辑"。

要我说，真不是你的脑洞太大了，而是你的漏洞太多了。

弱者往往容易患上"被迫害妄想症"。体现在感情里是喜欢捕风捉影，体现在生活上是容易草木皆兵。

明明可以用"我想你了"和"我又想你了"来表达的，结果变成了"你今天那么忙，微信都不给我发一个？""三个电话都没接，跟谁在一起啊？"然后开始想象：对方最终会怎样圆谎，会露出哪些破绽，和他约会的那个人会不会是他的前女友。

等到对方拖着疲惫的身体回到家了，别说准备晚餐了，不大吵一架简直对不起自己这一整天跌宕起伏的内心戏。

　　我的建议是，凄凄惨惨的时候不要"叽叽歪歪"，而是要悄悄地努力，悄悄变厉害。

　　之所以要"悄悄"，是为了让自己少丢几次人，少闹几次笑话。

　　而所谓的"变厉害"，就是你所面临的问题和困难几乎都在你的才华之下，所以你不需要曲意逢迎；就是你身处其中的生活和感情几乎都在你的掌握之中，所以你不需要小心翼翼。

　　别人待你好，你要加倍努力，以期他日有能力了，去知恩图报；别人待你轻薄，你更要争气，以期有朝一日可以扬眉吐气。

总嫌衣服不好看，
是衣服错了吗

1

橘子小姐有四个大衣柜，里面堆满了新衣服。你没看错，是"堆满"，而且都是新的。

可橘子小姐逢人就抱怨："唉，衣服都不好看。"

作为一个工作了两年的职场小白，橘子小姐深信"我的形象价值百万"。

所以，她买衣服有大把的理由。什么"人靠衣装马靠鞍"，什么"总穿旧衣服会掉身价"，什么"人不爱美，天诛地灭"……

平心而论，这些理由都很合理，职场上的形象加分确实会有诸多好处。可她为此而买的服饰却丝毫没有说服力。

每次赶上促销活动，橘子小姐就大包小包地买。凑够这一档的满减活动，就继续凑更高一档的。直到把当月的工资砍去了一大半，直到信用卡刷爆了，她才心有不甘地说"等下一次活动吧"，或者"等下个月吧"。

她为数不多的理智是近乎极端的"货比三家"。为此，她不惜搭上睡觉和敷面膜的时间，以及看书充电的精力。

她可以在网上跟客服唠叨一个小时，只为便宜八块钱的邮费；也可以为了某品牌的短袜在十几个购物 App 里逐一比价，直到淘出折扣最低的卖家。

结果呢？她花光了大把大把的时间和金钱，却只是买来了几大柜子最终都认定"不好看"（当然也不会穿）的衣服。

敢问一句，你是买东西的，还是搞批发的？

很多人买东西时，脑子里会产生一种奇怪的逻辑：但凡是看见了"打折""促销""清仓""甩卖"等字样，一律都当作是"这东西不要钱"。

等到哪天清醒了才反应过来：看似不要钱的东西不仅要钱，而且没什么用。

再问一句：你是喜欢这件东西呢，还是喜欢它在打折呢？

人心都类似，都希望用更少的代价得到更好的东西。

可问题是，在你没有足够的选购技巧和甄别能力的时候，"凑单"更大概率上等同于"用不上"，"特价、甩卖"更有可能意味着"过时"，甚至是"劣质"。

换言之，你只是分清了价格高低，却忽视了价值大小。

如果你买一样东西的参照标准不是"我需要"或者"我喜欢"，而仅仅是因为"它便宜"，那结果必然是，你会拥有一堆"实际用不上、丢了又可惜"的东西。

如果让你激动的不是商品的设计、面料、功能，不是它的修身效果或者舒适度，而仅仅是因为"折扣划算"，那么你活该在一堆衣服面前揪自己的头发，"怎么衣服都不好看啊"。

我见过，买了一屋子没用的特价商品，却还沾沾自喜的家庭主妇，她们的脸上沾满了"幸福"的汗水，内心戏是："瞧瞧，我多会过日子。"

我也见过，排队哄抢自己根本就不喜欢的清仓商品，却还一脸兴奋的年轻人，他们的语气中夹杂着成就感，内心话是："看看，我多会省钱。"

可这其中有一种隐形的危险就是，打折的衣服也会顺便打折你的审美，低价的包包也将顺势拉低你的品位。

　　我的建议是，除非是非买不可，除非你是抱着"就算不好看、不好用，我也认了"的心态，否则的话，暂时买不起的就先不买，一定不要退而求其次地买一个替代品，无论它们外观有多么相似，你使用的心情是截然不同的。

　　暂时用不上的就不要贪便宜。与其把时间用在寻找特价商品上，与其把金钱浪费在"用不上，也不喜欢"的东西上，不如多花点儿力气去赚钱，或者把钱集中用在某一个自己很喜欢的东西上。

　　能不能和喜欢的人在一起你不一定能做主，但和喜欢的物品在一起，你还是能够决定的。

　　努力赚钱，也学着花钱，通过赚钱与花钱去展现自己的能力和价值，去感受生活的多彩与鲜活，而不是通过买一堆无用的东西来展现自己的精打细算，然后在一堆不喜欢的衣物面前愁眉苦脸。

　　因为贪便宜而买了不需要的东西，就像因为孤独而接受了一个不喜欢的人，都属浪费。

　　因为，便宜货只是在付款的那一瞬间是让人开心的，却在使用的每一个瞬间都让你不开心；好东西只有在买单的片刻会让人心疼，却在使用的每一刻都让人觉得很值。

　　换言之，好的东西往往只有"贵"这一个缺点，而便宜货很可能就只有"便宜"这一个优点。

2

"哪有什么衣服不好看，是你穿不好看。"说这句话的男生叫程舒，这是他三年前兼职做模特儿时常用的口头禅。

在大学里，程舒是很多女生心目中的"男神"。那时的他不仅成绩出众，而且还是学校篮球队的副队长，可谓"集智慧、人气和帅气于一身"。更让人嫉妒的是，什么衣服在他身上都像是为他量身定做的。

大二那年，他在商场里闲逛，被一位服装店的老板邀请去当模特儿，报酬相当可观，让很多靠发传单、做家教赚零花钱的同学羡慕不已。

也就是在那段时间，程舒结识了一大群"校外人士"，是那种口口声声都喊着"有福同享，有难同当"的人。所以每次拿到薪酬，他们就聚在一起，或是夜夜笙歌，或是胡吃海喝。

仅仅一年的时间，程舒的体重就由160斤飙升到了220斤，让人羡慕的六块腹肌选择了"合并单元格"。

渐渐地，逃课成了程舒的强项，篮球队里也不再有他的位置，请他当模特儿的老板也毫无情面地将他辞退了。

曾经，两三天就有一次饭局的热闹交际圈，突然间就像是掉进了冰窟窿里；曾经，每个星期都能收到情书的好日子，遥远得像是上辈子的事儿。

恶性循环就此产生：因为身体发福，他的体力和吸引力越来越弱；因为关注他的人越来越少，他的落差感和自卑感与日俱增；因为负能量越来越多，他越来越习惯去暴饮暴食。

结果是，越吃越多，越来越胖，也越来越没有精气神……

他说，"胖得最厉害的时候，不用镜子都能看见自己的脸"。

他说，"看着对面有人走过来，会心虚，因为不确定该往左，还是往右躲"。

他说，"有人问自己到底有多重，我说不知道，是真的不知道，因为不敢称"。

残酷的现实是，既然你是一口一口吃成胖子的，你就得一天一天地"难瘦"下去。

这是个看钱的社会，也是个看身材的世界。因为身材会展示你的生活品质、习惯和理念，甚至会暴露你的努力和自律程度。

身材是一种无声的广告。它会在你展示自己的修养、内涵和见识之前，就早早地替你说话，糟糕的身材很有可能在无意之间将你出卖了。

所以，永远不要小瞧一个能够长年累月保持好身材的人，因为这意味着他有远超于常人的自律，意味着他在美食面前没有放纵自己的胃，并且具备对生活的掌控能力。把这种能力用在学习和工作中，都会变成强大的竞争力。

不要再问一个身材很好的人问"身材好又能怎样"这样傻瓜的问题了，身材不好的人往往更有发言权；也不要再向一个好看的人问"长得好看有什么用"这样幼稚的问题了，长得一般般的人才更有体会。

不争的事实是，外在形象出众的人更容易感受到世界的善意，而外在形象一般的人则难免会见识到世界的冷漠。

胖是放肆，但瘦是克制。生而为人，我们不仅要对自己的灵魂负责，同时还应该对自己的身材负责。

不要等到因为胖而对生活万念俱灰了，才想起来和赘肉开战；不要等到身体发福走形了，再把怨气撒在衣服上。

你确实有理由胖一阵子，但没必要胖一辈子，所以借口还是少找一些吧。

什么"我天天都在健身运动，可就是瘦不下来""我天天都去健身房，已经非常努力了"……拜托，你仅仅是去了两次健身房，就好意思说"天天"？你仅仅就是和健身器材合影留念了而已，就好意思说"非常努力"？

什么"我是天生的胖子，喝凉水都长肉""我最近压力太大，工作太忙，心情太差了""我只是最近太懒了，垃圾食品吃得太多了"……

你一不肯管住嘴，二不能迈开腿，然后逢人就说"我想要瘦一些"，请问你是想学魔术吗？

要我说，你只是决心不够，苦没吃够，所以纵然是长年奋斗在减肥的第一线，却始终是一副臃肿不堪的皮囊。

所以，我才不会祝你贪吃不胖、懒惰不丑，我只愿做这种春秋大梦的你，能一直别醒。

3

在给形象加分的诸多方案中，"追求外在好看"是权宜之计，"让内在有气质"才是长久之计。传说中"人丑就要多读书"，也是同样的道理。

你可以一天之内就拥有珠光宝气的装扮，却无法在一天之内变成倾国倾城的佳人。因为形象易得，但气质难求。

我曾见过长相一般，但举止和仪态让人心驰神往的女子，也曾见过看起来光彩照人，但谈吐极为空洞的轻浮女人。

我曾见过身份一般，但谈吐温和、风度翩翩的男子，也曾见过浑身披金戴银，但傲慢无礼、出口成"脏"的油腻男人。

我曾见过花了大价钱买了包包舍不得背，只能挎着廉价包去挤公交地铁的姑娘，也曾见过有人将她限量版包包随意顶在头上挡雨的人。

归根结底来说，气质源自阅历带来的从容不迫，源自实力带来的宠辱不惊。

比如说，你手里有真本事，脑子里有清晰的认识，知道生活中该敬畏什么，明白做人的底线在哪里，给人一种知书达礼、不卑不亢的印象，那你自然就有了温文尔雅的气质。

又比如说，你见识了人性的美与丑，明白自己是怎样的人，知道自己应该追求什么和拒绝什么，给人一种"可远观而不可亵玩焉"的印象，那你自然就有了大家闺秀的气质。

衣服不好看，是衣服错了吗？难道你真的以为，"形象不佳只是因为没有买到好看的衣服"？

找不到好看的自拍角度，是相机错了吗？难道你真的觉得，"自己的真容一定比镜头里的好看得多"？

不要活在自己的臆想之中，也不要活在美图软件里。你在现实中好不好看，大家其实早就心知肚明。

所以，把时间放在增长阅历、拓展见识、提升本事上，而不是随便找一些可笑的理由来安慰自己，以此来掩盖自己偷过的懒、违背过的诺言，以及没救了的"三分钟热度"。

把精力用在读书、赚钱和健身上，而不是将自己当下的不堪怪罪于他人，并企图以此来换取短暂的心安理得和长久的浑浑噩噩。

如果，我是说如果，哪天你快要坚持不住了，希望你能用下面这句话来自嘲一番，然后继续坚持下去。

"北冥有鱼，其名为鲲，鲲之大，和我的体型差不多；化而为鸟，其名而鹏，鹏之背，和我的运气差不多。"

不怕众说纷纭，
就怕莫衷一是

1

深夜，阿宏发了一则朋友圈："萨德系统不仅能侦测到几千公里外的导弹，还能侦测到哪些人的脑袋进了水。"

一问才知道，阿宏吐槽的是 T 君。

午餐的时候，阿宏点了一份鸭血粉丝，正准备吃，T 君很认真地对他说："你居然还敢吃粉丝，那都是塑料做的。"然后翻出了一个小视频，视频中有人将粉丝点着，直至烧成灰烬，T 君据此强调："粉丝吃不得。"

阿宏"扑哧"就笑了，他默不作声地摇了摇头，然后继续吃他的最爱，T 君不乐意了，丢了一句："好心当作驴肝肺，不信拉倒。"

下午有个亲戚来看阿宏，买了几样水果，阿宏大方地招呼大家一起享用。T君赶紧提醒大家说："西瓜和桃子是绝对不能一起吃的，那是会出事的。"然后翻出一则朋友圈，上面的原话是："桃子与西瓜一起服用，会马上丧命。"

阿宏依然是默不作声地摇了摇头，然后当着T君的面将这两样水果一起吃了下去。

临睡觉之前，阿宏又看到T君在群里发消息："联合抵制XX，如果你是中国人，就发到各个群里！只要把这条消息发到5个群里，微信自动加100元红包，我试过是真的。"

随后，有人跟着起哄，"对对，就该一起抵制"，T君跟着说，"都要转发啊，不转发不配当中国人"，更有甚者，直接说："不转发死全家。"

阿宏默默地退了群，默默地拉黑了T君，然后发了文章开头的那条朋友圈。

我问他对这一类"绑架"行为是什么看法。

他说："每当看见'不转死全家''不转不是中国人'之类的话，我的好友名单就会短一点儿。他为他的国籍、他的父母而转发，我为我的国籍、我的父母而删除他，大家都没毛病，毕竟大家都孝顺，也都爱国。"

没有判断能力的人，就像是灵魂空洞的提线木偶，就像是一只被鱼钩钩住的鱼，会轻易被操纵，轻易被感动，轻易被蛊惑。

听说哪个明星出了丑闻，激动得像是丢了一件宝贝；听说了一点负面的社会新闻，就愤怒得像是谁抢了钱包；看到了一点点毫无根据的传言，就误以为自己掌握了事实的真相。

可问题是，你身上有那么多的烂摊子尚未收拾，居然还有闲心去操心明星的家长里短；你连电影里的好人和坏人都分不清楚，居然敢在事实不清的情况下骂别人禽兽不如；你连一则新闻的信息源出处都还没看清楚，就急着用它去指导人生。

你的情绪比理智跑得快，嘴巴比脑子动得勤。所以你纵然是活得一头雾水，却还能对别人的人生满是意见。

请你扪心自问一下：你到底是在主持正义，还是在满足八卦心理？你到底是因为真相不合你的口味，所以视而不见；还是因为你只想宣泄情绪，所以无所谓真相？

听到 A 对 B 的怒斥，你就判定 B 是个浑蛋；听到 B 对 A 的反驳，你开始觉得 A 是个骗子；听了 C 的点评，你又觉得 A 和 B 都不是什么好东西。

听到商家广告说："为自己的喜欢变穷，是一种光荣。"你信了，电子产品、包包、衣服、鞋子……当你用光了存款，刷爆了信用卡，之后才发现，光荣没怎么感觉到，穷酸倒是挺刻骨铭心的。

出现了热点事件，你不加思考就跟风乱说一气，随大溜去抨击或者感动，最后才发现，剧情的反转速度不亚于体育课上的折返跑。

我想提醒你的是，在信息爆炸的年代，谎言与谣言齐飞，若是缺少主见和思辨的能力，脸会被真相打成紫色。

你可以什么都听，但不要什么都信；你可以随心所欲，但不要随波逐流。你的内心再强大一点，就不会听风就是雨；知道的事再多一点，就不会人云亦云。

切记切记，脑子是日用品，别把它当成了装饰品。

2

念大三的李勋突然跟我说："老杨，能不能帮我做一份考研复习计划？"

我发过去一堆问号，他解释说："我在网上查了很多复习计划表，也问了考完研究生的学哥学姐，但每个人说的都不一样，不知道该听谁的好。"

我问："那你做过计划吗？"

他说："我做了很多份，有的是模仿身边的学霸，有的是按照老师的指导，还有的是参考了网上的大V……但我觉得都不行，谁给我提个建议，我就会把原先的计划表全盘否定了，现在很混乱，完全不知道怎么办了。"

我回复他一串省略号，然后明确告诉他，"我对此无能为力"。

我想说的是，如果别人的一句话就能推翻或者改变你经过了深思熟虑拿出的主意，那只能说你根本就没有主意。

当你说你不知道怎么办时，不是指你不会计划、不会学习了，而是你想做的事情得不到足够的认同，这让你备感压力。你既担心自己的努力白费了，又担心没有找到效率最高的方法，同时还怀疑自己最终能否如愿以偿。

我承认，磨刀确实有助于砍柴，但如果天天都在想着磨刀，那也没什么意义。实际上，斧头一直都在你的手上，它其实是够锋利的，可你总是羡慕别人的利刃，以至于怀疑自己的那把是否能用。

勒庞在《乌合之众》中写道："人一旦走进了群体，智商就会严重下降。为了获得认同，你会放弃自己的主见，用智商去换取让人备感安全的归属感。"

比如说，某一阵子流行"岁月静好"，你就去学诗词歌赋，研究柴米油盐酱醋茶，然后往自己的热血里加冰，还不忘贴一个文艺的标签，叫"活在当下"。

过一阵子流行"再不疯狂就老了"，你就开始躁动，在感情里劝自己敢爱敢恨，在生活中劝自己"酷一点、狠一点"，并美其名曰"要做自己"。

又比如说，你熟记了微博里的大 V 们提供的交友法则，试着变得热闹、可爱，试着结识新的朋友，可敲了一圈人的心门，发现还是自己一个人待着舒服。

别人说"十八岁是一个特别的年龄"，你也么说，后来却发现，十九岁、二十岁、三十岁……每一个年龄都特别。

你读了很多成功人士的故事，试着按照别人的成功指南去成功，可除了碰一鼻子灰，你跟成功还是没有半毛钱的关系。

你的生活节奏是：间歇性雄心万丈，持续性萎靡不振；间歇性努力向上，持续性一事无成。

年轻的时候，大家都以为自己很有主见，但事实恰恰相反。因为你前二十年已经习惯了听话和安排，习惯了盲从多数人的意见，以及喜欢起哄和凑热闹，所以你既不擅长分辨，也不会识别，更没有"到底要成为什么样的人"的主见。

于是很多人的青春不过是在重复两件事：用别人的脑子来思考自己的问题，用自己的嘴巴去解释别人的人生。

这倒也应了《人生哲思录》里那句话："每个人都睁着眼睛，但不等于每个人都在看世界。很多人几乎不用眼睛看，他们只听别人说，他们以为的世界只是别人说的样子。"

看到电视剧里流行某种时尚的发型，你就毫不犹豫地跳上时尚的流水线。结果呢？脑袋里的东西越来越少，脑袋上面的花样越来越多。

听着别人的召唤"要做一个明媚的女子，不倾国，不倾城，只倾其所有去过想要的生活"，结果呢？确实没有倾国倾城，倒是倾家荡产了。

判断某件事情的对错，你参考的是做这件事情的人数的多少，只要做的人多，那这件事就"好像是对的"；判断某件商品的优劣，你依赖于榜单上的排名，只要排名靠前了，那这件商品就"应该很不错"。

判断一个电影值不值得看，你依赖于评分、点击量或点赞量，只要喜欢它的人很多，那么"我也能喜欢它"；判断某个人值不值得关注，你依赖于他的粉丝数量，只要数量庞大，那么"他应该很有才华"。

所以你特别喜欢这样的提示：95% 的人使用此软件，95% 的人禁用此功能，95% 的人选择此样式，95% 的人购买此商品……

原来，你所谓的选择，只是顺从了多数人的意见；你所谓的思考再三，只是再三整理了自己的偏见。

3

看过一则笑话。

有个大爷咳嗽得很厉害，就去看医生。医生诊断之后说："没什么大问题，回去少抽点儿烟吧。"

过了两个月，大爷又来了，因为他的咳嗽更厉害了。

医生就问他："让你少抽烟，你抽多少啊？"

大爷说："一天不到半盒啊！"

医生又问："那你以前抽多少啊？"

大爷说："以前我不会抽。"

有多少人是像这位大爷一样，很听话，却从不思考？

我曾见过，一个从不发广告的朋友接连发了十几条朋友圈，因为"某地水果严重滞销，果农生活苦不堪言"。奇怪的是，这张图片上愁容满面的果农和去年的、前年的、大前年的竟然都是同一位老先生。

也曾见过，一些平日里德行和口碑很差的人跑到贫困地区和一群小孩合影。奇葩的是，那些孩子的穿着越破旧、脸上越脏、鼻涕或者故事越长，这些爱心人士就越开心，就越有成就感，就越能博得掌声。

我曾见过，一群大白天待在自习室里都不知道关灯的学生，在城市主干路的中间站着，举着"关灯一小时"的横幅，脸上写满了快乐和荣耀，就像是刚刚拯救了整个世界。

也曾见过，一群在母亲节当天把妈妈吼得不敢说话的年轻人，在朋友圈里分享"世上只有妈妈好"的感人段子，感恩之心溢于言表，就像是突然变成了人间的头号孝子。

我的建议是，如果你与这类人没有什么深仇大恨的话，建议你远离没有主见还特别愿意听到意见的人。我担心你哪天心直口快的劝解促成了让他违法乱纪的行为。

人们忙着感动，忙着主持正义，忙着批评和站队，可问题是，你不假思索地一头扎进舆论的热潮里，真的有让这个世界变美好吗？还是在无意之间变成了某些人一呼百应的应声虫，成了他们指哪打哪儿的炮灰？

在信息爆炸的年代，言论越来越极端、越来越追求劲爆，好像只有这样，才能让已经有了审美疲劳的你稍微抬一下眼皮、移动一下鼠标、动一动手指头。

结果是，在标题上滥用"史上最佳""宇宙第一"之类的修饰，在内容中给出"以偏概全"的论断，在评论里与人掐得鸡飞狗跳……

结果是，有一个90后犯了错误，就有人指责所有的90后都有问题；有一个老人不讲理，就说所有的老人都是坏人；有一个医生违反了道德，就指责整个医疗行业都没良心……

善良的人啊，请让那些骇人的、感人的、气人的消息先飞一会儿，保持等待真相的耐心，不断增强自己的判断力，不轻信盲从，不煽风点火，也不随便拍砖。

主见是灵魂的防腐剂，灵魂若是腐朽了，人就成了水泥。

若是少了"主见"这个压舱的东西，任何的舆论风暴都可以将你的生活之船掀翻。

记住，不随便使人感动或者愤怒，是一种美德；不随便被人感动或者激怒，是一种本事。

4

一个不太妙的事实是：在越来越多的新闻、观念和传言里，很多人并没有能力做到拨云见日，更多的是被舆论所裹挟，要么变成了舆论的炮灰，要么对自己的无知更加自信。

比如说，很多人会根据传闻得出很多言之凿凿的论断："智商高的人情商都低""有钱的人都不快乐""好看的人都死得早""有才华的人都不得志"……

大概是因为，如果不这么解释的话，一无是处的人就活不下去了。

如此看来，老天还真是很善良，在赐给别人幸福的同时，也遮住了你的眼睛，以免你心里不痛快。

那么，遇到热点问题，看到热门新闻，怎样才能避免人云亦云呢？

第一步，你要学会怀疑。看证据充不充分？看逻辑合不合理？看事实清不清楚？如果你无法确定，那就不要轻易下结论，就像不知道某个东西能不能吃的时候选择不吃一样。

第二步，你要努力变得优秀。既要有见识上的拓展，也要有能力和收入上的明显增长。这也就意味着，你的手上有独当一面的本事，精神能扛得住困难与质疑，口袋里有足以为坚持己见买单的能力。

第三步，你要始终保持一个开放的心态。有主见不等于固执己见，多换位，多求证，才有可能更接近真相。在听和看之前，请尽可能地放下成见；在听和看完之后，请尽力守护好主见。

打个比方说，当你听说有人炒房发了财，一年的收入约等于你一辈子的固定工资。

正常的羡慕嫉妒情绪之后，你先要想一想，这条消息的真伪，以及是否符合常理。

然后，你再想一想，既然大家都知道炒房能赚钱，那为什么不是所有人都去炒房呢？是没有那个能力或者条件，还是没有那个胆识？

最后，你还得想想如何提高自己的收入，是跟风转行去炒房，还是提升赚钱的能力？又或者如何劝自己不嫉妒别人，安心做个工薪族？

所谓的"主见"，就是当你拥有一个判断的时候，是基于你掌握的信息，然后分析和思考，继而独立地做出判断，而不是因为十个人里面有九个人都是这样说了，所以你也这样说。

有主见的人会对自己的情绪自负盈亏，同时极少表现出攻击性；不会被廉价的情感煽动，也不会因为自己是少数派而动摇；会提建议但不会强求被认同，会质疑但不会被舆论蛊惑，心态开放但不被别人的嘴巴和眼光绑架。最重要的是勇于承担一切后果。

　　我的建议是：把流言蜚语让给市井小人，你只管从容优雅、落落大方。

　　愿你在千头万绪的生活中能自有主张，愿你在流言四起的年代里能守"脑"如玉。愿这个世界继续热闹，愿你还是你。

脑子是日用品，
别把它当成了装饰品。

嘘寒问暖，
不如打笔巨款

1

如果你不小心当过"媒婆"，那么你一定知道，当媒婆的"售后服务期"是截止到他们分手的那天。

两年前，我就被动地当过一回"媒婆"。在我组织的一次聚会上，一位男生对某女生一见钟情，男生便再三求我帮着搭桥牵线。然后，我清净的生活就此结束了。

我像个不定期会被提审的犯人一样回答他们没完没了的问题，又像个法官一样为他们的鸡飞狗跳做裁决。

女生的性格偏汉子，人很活泼，说话也爽快；而男生的性格偏内向，话虽不多，但内心戏很足。

经过两个月的试探和了解，男生突然就在我们仨建的微信群里

@了女生，于是我看到了下面的对话。

男生："我真的很喜欢你，你已经拒绝我十三次了，我还是不想放弃，你就答应做我的女朋友吧。"

女生："不好意思，我配不上你。"

男生："怎么可能配不上呢？"

女生："因为你的梦想太大了。"

男生："我没有什么梦想啊！"

女生："有的，真的有！"

男生："什么？"

女生："你癞蛤蟆想吃天鹅肉。"

男生随后就退群了。

我问女生"什么情况"，结果收到的第一句话是："他啊，不过是一个羞答答的厚颜无耻者。"

原来，女生最初是有意和这个看起来憨憨的男生交往的，可打了几回交道，发现男生的交际方式是：许诺的时候洋洋洒洒，兑现的时候遥遥无期；告白的时候深情款款，被拒之后横眉怒目。

有一次，女生养了很久的水母死了，正伤心的时候，男生上来就开了一个不合时宜的玩笑，"要不咱们将它凉拌了吧"。见女生没理他，才补了一句，"等我明天送你几只活的"。然后，就没有然后了。

　　还有一次，女生胃病犯了，在去医院的路上碰见了男生，结果男生目送她上了出租车。直到晚上八点多，男生才发来一大堆"养胃指南"的链接，并且信誓旦旦地说，"以后你的胃，交给我来养。"然后，就没有然后了。

　　女生总结道："他说他可以为我做任何事，可任何事都没有做过。他只是通过手机向我喊了无数的口号，就觉得已经为我竭尽所能了。"

　　那天晚上，男生更新了朋友圈："唉，也是怪我痴情，明知道爱错了人，却还是知错不改。"

　　看见没有？人一旦矫情过了头，还真挺像是真爱的。可问题是，除了嘴巴，你全身上下，哪一点儿像个痴情人？

　　世界上最没用的东西大概就是"不去兑现的承诺"，它一不需要成本，二没有技术门槛。就像是在嘴上安了一台印刷机器，不限量、无间歇地印制各种各样的保证书。

　　可问题是，一旦诺言许得轻而易举，真心就显得一文不值。

　　这和你发现还有两个星期就要考试了，然后对自己说，"明天要做一套真题"；或者是意识到肚子上的"游泳圈"已经损害到自己的气质了，然后发誓说，"下个月要瘦二十斤"……都是同样的道理。

说一说"我要努力"是为了安抚一下自己的良心，喊几句"我要减肥"是为了吓唬吓唬身上的赘肉。仅此而已。

有的承诺就像是戴着面具的热情，一旦摘掉面具，它就叫"一时兴起"。

金星曾这样教导女生："如果一个男生心疼你挤公交，埋怨你不按时吃饭，提醒你早睡早起，嘱咐你下班回家注意安全……请不要急着感动。倒是那个开车送你、生病陪你、下班接你的人，你倒可以认真考虑一下。"

换言之，你不能被别人的一句好听的话、一个空洞的承诺就给哄走了。

等他订好了餐厅，你再相信他是真的想请你吃饭；等他在你有麻烦的时候出现在你面前了，你再相信他是真的关心你；等他在大是大非面前坚定地站在你的立场上了，你再相信他是真的想跟你到白头。你得小心一点儿，因为有的人寂寞了，连自己都敢骗，更别说是你了。

真心的检验标准，不是说了多少，而是做了什么。都是大人了，别指望拿一把假钥匙打开谁的心门。

2

有的人可以直接归类为"爱情恐怖分子",比如"撩一下就跑"的人。

三月底,安小姐私信求助我,她说:"我真的不知道应该怎么办好了。"

事情是这样的,有个男生没事就找她说心事,偶尔还会约着去吃饭、看电影,甚至还会或明或暗地说一句类似于"你是我喜欢的类型"这种话,次数多了,安小姐便有一种"他应该是喜欢我"的感觉。

她问我:"我感觉自己已经被他撩到了,可他又没明说,我该怎么办?"

我建议道:"在分清他是人是鬼之前,不要急着掏心掏肺。"

大约过了一个星期,安小姐又来找我了,说男生已经好几天没有主动联系她了。她给男生发微信,回复都很勉强,更像是应付。最后安小姐就跟对方挑明了,说希望做男生的女朋友。

结果男生回复的是:"我们做朋友不是挺好吗?再说了,我早就有女朋友了!"

安小姐连续发了十几个问号给我，以示"不解"。她说："明明是他先来撩我的，而且还撩得很成功。现在才说他早就有喜欢的人了，这算什么啊？"

我说："多数撩完就跑的人，只是顺手一撩。或许是因为那时候刚好有空，而你刚好在线；又或许是，在他'大面积撒网，选择性捕捞'的战术下，你荣幸地被放生了。"

在这个交流如此便捷的时代，谁都能对你说"晚安"，谁都能说喜欢你，谁都能提醒你早睡早起，谁都能说一堆关心你的话……

你要做的，是擦亮眼睛，甄别出真心和假意。

最可怕的是，你早就感觉到了异常，甚至看透了对方只是玩玩而已，却舍不得拆穿他，仅仅是因为，那种"被撩"的感觉挺不错。

那结果自然是，他自带主角光环插足你的生活，却又在你习惯有他的时候一走了之。他慢慢变成你的万里挑一，而你注定只是他的万分之一。

小说和影视剧里的爱情之所以感人，是因为那里的爱情总是这样：他漂洋过海只为看你，他赴汤蹈火只为救你，他茫茫人海只为找你。他的爱，是偏爱，是独独为你一人。

现实中的爱情之所以难堪，是因为它经常是这样：他手持一捧花，在茫茫人海里晃，看见顺眼的，就递过去问一句"你要不要"，如果被拒绝了，他转身就去问下一个。

这种喜欢就像是在微信里聊天，他的那句"我喜欢你"是有期限的——1分59秒，如果你没有回应，他就有可能撤回。

3

想起一个有意思的小故事。说是有个农民养了一只鹅。一开始，鹅是有危机感的，它常想："这家伙为什么对我这么好？这背后一定有阴谋，我得小心一点儿，以防他哪天伤害我。"

好几个星期之后，农民天天都拿粮食来喂它，给它冲洗笼子，渐渐地，鹅的防范心理越来越弱。

好几个月过去了，鹅的想法完全变了："这家伙一定是喜欢上我了。"这个信念每天都得到证明，每天都在巩固。

但鹅不知道的是，农民是在等待节日的来临，那时候，他会把鹅抓住，并且杀掉。

身处感情旋涡之中的你，常常就像是这只鹅。

你无法分清楚，他为什么不肯挑明关系，到底是因为他不够爱而无动于衷，还是因为他不懂爱而无能为力。你也分不清楚，他给的那些关心和问候，到底有几分是出于喜欢，有几分是出于礼貌。

但需要提醒你的是，一个人对你好，总是图你点儿什么。无条件的关怀，只有你妈才能做到。

面对别人的关心、问候、照顾，可以感谢，但不必急着感动。如果你没本事让自己免于伤害，那你起码要记住：诺不轻信。

很多人嘴里的"我喜欢你""我爱你"，就像是垂钓，给出一点点是为了得到更多，就像是企图用一条蚯蚓钓上来一头鲸鱼。

所以，不论你是孤男还是寡女，不论是说出喜欢还是收到表白，看准了再开口，想好了再同意。

什么叫看准了？就是决定要和一个人谈恋爱之前，就把身边那些七七八八的人清理干净，一点醋都别让人吃。

什么叫想好了？就是如果以后出了什么问题，你只能找个没人的地方抽自己嘴巴，而不是一把鼻涕一把泪地骂谁谁是个骗子。

最可怕的是那种实际上并不喜欢你，却偏要说"我不知道怎么拒绝"的人。

他带着"我不想伤害你"的正义感，一边跟你暧昧不清，一边与你保持距离。他什么心事都跟你说，什么秘密都跟你分享，你本来是打算放弃他的，结果恍惚间又觉得，"嗯？好像还有戏"。

然后，你就像得到了什么暗示似的，接二连三地向他告白，可他的口气怎么听都不像是在拒绝，更像是在说，"请让你的追求来得再猛烈一些吧"。

他对你说，"我还没有做好恋爱的准备""我担心失去你这么好的朋友""我不知道是不是喜欢你"……等再过了两三天，他就像什么都没有发生一样，找你陪他去逛街、看电影、过生日……

他哪里是不会拒绝，分明是不想拒绝。他喜欢被人追逐的感觉，他享受着与你暧昧却不必承担义务的快感，他需要有人陪伴，却不想失去单身的自由。

以至到最后，当你发现他的本意不是与你谈情说爱、厮守一生时，他竟然表现得比你还要难过，还要委屈："我真的不知道怎么拒绝你，我真的是不知道怎么做！"

当你痛彻心扉，决心与他决裂时，他甚至还会虚情假意地对你说"要幸福哦"，就像是入室行窃的贼，偷光了你的钱财，还留言说"恭喜发财"。

　　我的建议是，在无法分清真心还是假意之前，先想想如何靠自己努力致富吧，别总在感情的世界里伤春悲秋，捏在手心的钱永远要比那抓不住的心踏实。

　　你的安全感，应该来自每天都在变好的肌肤、成绩，稳定的体重、情绪，足够的银行卡余额、手机电量，而不是另一个人时有时无的嘘寒问暖。

4

　　"改天我请你吃饭""改天我去看你""等我有钱了""等我有时间了"……

　　你被这些话糊弄过吗？又或者你拿这样的话糊弄过别人吗？

　　本来，被人记得，被人在乎，以及得到承诺，这都是让人高兴的事，但如果你每次都把时间定在"改天"或者"下次"，你所有的承诺都需要无限期"等"，那么对方能够得出的结论仅仅是，你毫无诚意。

　　你别忘了，失信就是失败。

　　别人一旦不信任你了，那么不论你做怎样的补救，他都会觉得你是在玩套路。

真心要见面，就想好了再说，具体到哪天，几点，哪里，和谁。
否则的话，与其装得热情满满，不如一早就省掉寒暄。

你所谓的"改天请你吃饭"，更像是在说"今天可以就此打住了，可以挂电话了"。

你所谓的"下次好好聚聚"，只是意味着"这次碰面可以结束了，可以转身然后头也不回地离开了"。

你所谓的"等以后再说"，只是在表明"今天不想继续讨论了，你自己看着办吧"。

让人觉得寒心的事无不与"改天""下次"和"等"有关。一说"改天"就时过境迁，一说"下次"就音信全无，一说"等"就物是人非。

切记，这世上所有的久处不厌，都是因为走心！

在分清他是人是鬼之前，

不要急着掏心掏肺。

别读了那么多有用的书，却成了这么没用的人

1

公司对面是一所重点中学，传说中的"未来的花骨朵们"都在里面养着。

一天早上，在离学校门口不远的路口上演了一场闹剧：一位穿校服的男生对着一位中年女人一通怒吼，跟骂孙子一样。

当时刚入冬，北风虽不大，但气温很低。中年女人手里拿着一件黑色羽绒服，亦步亦趋地哀求："儿子，你快点儿穿上吧，别冻着了，妈妈求你了。"

男生则是怒不可遏，一边甩手一边怒吼，像是在轰一位凑上前来乞讨的人，"你滚开！我冻死了更好，冻死了你们就不用给我买新手机了"。

女人把本来就很小的声音又降了一调，依然是哀求的语气："儿子，你先穿上吧，别感冒了。手机下个月……下个月等我发工资了就给你买，这个月的工资刚刚够给你交辅导班的费用……我下个月肯定给你买，我……"

还没等女人说完，男生一把抢过了羽绒服，狠狠地摔在地上，然后把双手叉在胸前，一脸的"英雄气概"。

这男生蠢吗？当然不蠢，蠢的话进不了重点中学。他只是没良心罢了！

他将那个疼爱他十多年的人逼到了低声下气的地步，还不忘当众羞辱一番，让她知道"我想要的"和"你能给的"之间隔着"翻好几个筋斗云"的距离。

他坦然地享用着父母千辛万苦提供的物质，学着他们根本无法理解的知识，见过他们没有机会去见的世面，体验着他们无法想象的鲜活人生，到现在，却对他们的贫穷满是嫌弃和鄙夷。

看看他，读了那么多有用的书，却成了这么没用的人！

如果我没猜错的话，很多人长这么大还能够使出来的"超能力"，就是"让父母超级生气的能力"；而传说中"成长的烦恼"，竟然是"你长大了，然后你的父母烦恼了"。

把那双懒得刷干净的准新鞋扔进垃圾桶里，你连眼睛都不眨一下；把每个月准时到账的生活费用在请朋友胡吃海喝上，你显得特别慷慨；在美发店里一掷千金，你觉得自己美翻天了；跟恋人怄气吵架将新买的手机当废物一样摔成渣，你觉得特别解气……

你认为自己很率性、很真实、讲义气，视金钱如粪土，可事实上，只是因为花的不是你的钱，所以你根本就不知道什么叫心疼。

平日里，除了像个催债的那样打电话要钱，三五个月才想起来问候一下父母的大有人在；一结婚就把爸妈排在媳妇、孩子、朋友，甚至是网友后面的人也比比皆是。

父母倾其一生的积蓄为你准备房子车子也没能换来你一句"谢谢"，而你呢，一年到头就回家那么几天，还把其中百分之九十九的时间用在了睡觉、娱乐和社交上。

你毫无节制地索取，父母毫无怨言地给予。结果你成年了还依然像个孩子，还以为"得到他们的疼爱"是理所当然的，以为他们这般含辛茹苦是不必去感恩戴德的。

人性的粗鄙之处大概就在于：总是过于在乎那些轻视自己的人，却轻视那些非常在乎自己的人。

从表面上看，父母好像只是你的 ATM 机或者钱包，但实际上，他们是在不断地掏空自己来填补你的人生。结果你在不知不觉中羽翼丰满，他们却在不知不觉中两鬓斑白。

从表面上看，父母生你养你好像是因为"他们想要个孩子"，但实际上呢，他们既用不着你来撑门面，更不指望你来养老，他们只是希望你平平安安地在这个美丽的世界上走一遭，让他们有机会能和你同行一程。

笨蛋孩子，对你的父母而言，不是你做到名利双收才算光宗耀祖，你能平平安安就已经算是十分孝敬了。

2

女孩子一旦过了大人们认定的"恋爱黄金年龄"，就会被他们拿出来搞"促销"。比如芸姑娘。

芸姑娘今年32岁，"大龄剩女"的帽子都快要磨破边儿了，自然是经常被"促销"，可她从来不会因为爸妈的催婚电话而抱怨什么，也不会因为他们自作主张的相亲安排而恼羞成怒。

我问她心态好的原因，她的回答让我终生难忘。

她说："因为父母是这个世界上最孤独的人类。"

身为独生女的芸姑娘从上高中开始就住校了，后来考上大学去了异地，如今工作又去了异国。

回家的频率从一个星期回家一次，变成了一个学期回家一次，再变成如今的一年回家一次。

越洋电话里也会偶尔出现争论，但芸姑娘一定是率先缴械投降的那一方。

她说："我也会觉得委屈，为什么就不能理解理解我呢，然后也会生气，甚至会气哭了，可流了三滴眼泪就会突然提醒一下自己：爸妈也不容易。"

芸姑娘解释说："他们俩都退休了，跟我通电话可能是生活中为数不多的大事。所以听到什么风吹草动，首先就想到要提醒我注意安全，絮叨是难免的。听说谁家的孩子与我同在一个城市工作，就难免想撮合一下。"

"我和他们没有生活在一起，交集也少，能聊的话题自然有限，他们经常提及的，不一定是他们爱聊的，但多数是他们想到能聊的。"

去年春节回家，多事的邻居在家门口见到了芸姑娘，就很随意地问："你都这么大了，怎么还回你妈家过年啊？"

芸姑娘的妈妈立刻怼了回去："怎么了，这不是我女儿的家吗？"

芸姑娘在一边笑得都快站不起来了。

我问她："那你为什么选择在外面打拼，而不是跟爸妈生活在一起？"

她说："我呢，既不好看，也不优秀，但我知道我的爸妈不容易。所以我现在是贪生怕死，不敢远嫁，一门心思只想努力赚钱，因为他们俩只有我！我不能只是做他们的小棉袄，还得做他们的钱包、饭碗、医保卡。"

她又补充了一句，"世界那么大，我的爸爸妈妈也应该去看看"。

龙应台在"目送"里写道："世间所有的爱都指向团聚，唯有父母的爱指向别离。"这种"别离"给父母带来的悲伤是，你正一点点地从他们的生活中消失。

进了家门已经听不见你的声音了，门厅里看不见你弄得乱七八糟的拖鞋了，洗手间里已经没有你的牙刷和毛巾了；茶几上看不到你随手扔的杂志和零食了，餐桌上少了一副碗筷，偌大的房子里少了一个人……

你不知道他们是怎样度过那些为你提心吊胆、着急忙慌的日子的，你不知道他们在你看不见的远方是怎样思念你的，所以你也很难意识到：他们那些"多余"的关心，只不过是想多和你聊聊天罢了。

你没有做过早出晚归才赚到一百块钱的兼职，你就不会理解为什么妈妈要到更远一点儿的菜市场去买菜；你没有尝过工资交完房租就所剩无几的生活，你就不会明白为什么爸爸那么执拗地要留着那些剩菜残羹；你没有经历过生一次病就花光了整年积蓄的难处，你就不会懂得为什么爸爸妈妈会没完没了地提醒你"注意身体"和"节制花钱"……

不要总想着自己应该得到什么，而要多想想自己该做些什么。

不是有人说了吗，"身无饥寒，父母无愧于我；人无长进，我以何待父母"？

一个人怎样才算是真正长大了呢?

标准答案里至少要有这一条：开始懂得父母的不容易，并且迫不及待地想要去回报他们。

可曾经的你是多么幼稚啊！总盼着远离父母，"越远越好"。

于是，你赶着长大，赶着出门远行，赶着寻找人生的意义，赶着离家追逐梦想，赶着跳出父母的循规蹈矩，赶着向父母宣布："我和全世界是不一样的。"也赶着向全世界宣布："我才不要活成父母想要的样子。"

结果真到了这一天，你和父母真的隔着山河湖海的时候，才幡然醒悟，原来世界上能够不计成本地爱着自己、惯着自己的人，也只有父母了。

而此时，他们却老了，老得走路都踩不出声音了。

做子女最容易犯的错误，并不是没有时间陪伴，也不是缺乏孝心，而是以为，他们会永远都在。

3

有一阵子，朋友圈里热传一张"祈福"的图片，大意是说"转了能护佑妈妈身体健康"之类的。

有人私信问我："大家都在转发，你为什么没有转？"

我说："不气自己的妈，比什么都强！"

什么叫"不气"，不气就是要理解和体谅。

每个时代都有它的特殊性，生活在不同时代里的人也都有不同的喜好和活法。你爷爷年轻的时候可能还在为填饱肚子而犯愁，你就别提什么美国大片和啤酒炸鸡了；你妈妈年轻的时候可能还没有普及手机，你就别跟她说什么微博和短视频了。

你不能把你成长的这个时代的东西强加给他们，要求他们来理解并认同你的想法，这不公平。

所以，当他们给你转发那些极具年代感的祝福时，你一定要表现出足够的热情，而不是"这种东西谁还看啊"的嫌弃；当他们向你询问那些幼儿园的小朋友都会摆弄的新科技产品时，你一定要表现出极大的耐心，而不是"这么简单都不会"的烦躁；当他们向你"炫耀"老年娱乐活动的照片时，你一定要表现得足够好奇和支持，而不是自以为高级地评论道"这太土了"。

同样重要的还有，当你有什么话要向他们说的时候，就大大方方、明明白白地讲出来，开不了口就用文字代替，而不是把满心的挂念憋成一句内心独白。

别忘了，这些看起来"什么都不会、什么都不懂"的"过气了"的人，在你很小的时候，也曾是你的依赖。

真正的孝顺，就是虽然你已经不那么相信他们说的那些道理了，但你愿意听他们说；虽然你不喜欢他们做的那些事儿，但你支持他们做。

在你质疑父母"为什么总是替我安排一切""为什么总是操那些没用的心"的时候，你先要问问自己："平时的生活可曾让他们放心过吗？"

你啊，只不过是羡慕自由，却不靠谱；自以为独立，却不成熟。

你只是贪图"想做什么就做什么"的自由，却没有"计划做什么就做成什么"的先例。那你凭什么叫父母放心地把人生的方向盘交给你？

最没良心的活法莫过于，因为一点儿不满，就忘了他们所有的好，然后一边依赖，一边嫌弃。

你能依赖他们多久呢？一切正常的情况下，你最多能厚脸赖着他们到十八岁而已，之后你就得靠自己了。

作家郑渊洁曾说："人和其他物品一样，是有保质期的。人的保质期是十八年，十八岁之后还靠父母的，属于残次品。"

你能嫌弃他们多久呢？一切顺利的前提下，除掉你学习、工作、娱乐、成家立业的时间，你可能只有几百天能见到他们了。

他们还能做出什么招你嫌的事情呢？无非是，在电话里让你保重，给一些在你看来是"瞎操心"的建议。然后一边垂垂老去，一边盼你回家。

所有你以为的永远，其实都在倒计时。

太拿自己当根葱的人，
往往特别喜欢"装蒜"

1

一个懒惰的身体里却住着一个容易歇斯底里的灵魂，这种人最常见的状态是：话狠，人怂。

陈克今年28岁，因为经常飙狠话而"闻名"于朋友圈。

大四因为担心"毕业了就失业"，他对外宣称自己要考研，并且发誓说："考不上研究生，就绝不走出母校大门。"他报了价格不菲的补习班，但丝毫不影响他逃课；也买了成套的练习题，这不代表他会做。所以他每次测试的成绩，都是稳定在补习班的末尾。

有人嘲笑他，"脑袋可不是个装饰品"，另一个人接话说："做装饰品也选个好看的啊！"惹得众人哄笑。

陈克拍案而起，"你们再说一遍"。然后，别人就再说了一遍。陈克尴尬了几秒钟，把嗓门提高了八度，甩了一句"你们给我等着"。

之后，他就换了一个自习室睡觉去了。

研究生没考上，陈克也确实没有走学校的大门，他是从侧门离校的。

在家待业了三个月，有一次被爸爸的一句"别总是坐着，把自己的房间收拾一下"给气炸了，认为爸爸是在嫌弃自己，于是扯着嗓子喊："我不在这个家待着，就碍不着你们的眼了。"

就这样，一个二十多岁的大小伙，因为怄气而离家出走了。结果呢？出走了三天，就因为身无分文而被迫打道回府。

父母不敢再说他什么了，只好托人给他安排了一份售楼员的工作。这一干就是三年。三年的时间，陈克就从一米七几的瘦"竹竿"变成了一米七几的胖"竹筐"。

其间，有人说要给他介绍女朋友，他大言不惭地说："我要先立业，再成家。没有攒够一千万，我不会考虑婚姻的事情。"

但事实上，以他的努力程度和消费强度，能够达到年薪十万就已经很不错了，而要攒够一千万，估计要先活够一百岁，再向天借五百年。

你说了谁信呢？你发的毒誓兑现过一次吗？你狠了谁怕呢？你完成过让人信服的事吗？

你所有的愤怒更像是在跟自己飙戏，你所放的狠话更像是在表明"我没辙了"。

爱说狠话的尿人，大概是这样：我自横刀向天笑，笑完就去睡大觉，睡醒我又拿起刀，接着横刀向天笑。

这有什么用呢？

成绩不行就老老实实去看书做题，别说你小学得了几次"双百"了，你昨天越厉害，就越凸显你今天的失败。

本事不行就踏踏实实去修炼，不要列一堆"我将来一定会很厉害"的假设，你真的以为这样就能在别人面前不落下风？

外貌不行就认认真真地美容塑体，不要以为飙几句狠话，就能把自己送上颜值的巅峰。

当你准备起誓的时候，记得告诫一下自己，"人在做，天在看"；在你胡吃海喝的时候，也麻烦提醒一下自己，"人在吃，秤在看"。

你只有真的瘦下来了才会明白：减肥的结果不是少了几斤肉，而是身体素质和自信的全面提升。也只有真的变厉害了才会懂：沉默也能让人听见，威胁其实可以是无声的。

什么"等我瘦了就去找你"，拜托，你要是不想见谁，就直接跟他说。

什么"明天要减肥，后天瘦成一道闪电"，科普一下，一道闪电可能有四米宽。

一个善意的提醒：该说的说，不该说的小点儿声说。

2

特别欣赏的一种生活态度是：我过得很好，我没什么想说的。

要说的这位叫董倩，她是我的学姐，话不多，但掷地有声。如果她说了"不行"，那就是这件事情完全没有商量的余地了。

做了七八年的部门主管，但从来没有谁听她说过一句重话。她说："不是因为脾气好，只是情绪化于事无补，还容易给自己挖坑。"

"挖坑"的结论来自她的亲身经历。那时初入职场，浑身是胆却报效无门。有一次因为领导的不恰当点评，她大发雷霆，随即把辞职书甩到了领导的办公桌上。

当天晚上，她一连更新了二十条微博，大肆攻击领导"没眼光""小心眼""我一定会证明你是错的""什么领导，只会误导""是金子总会发光的，等着瞧吧"……

这一系列公开的、激烈的"抨击"并没有帮她挽回声誉，也没有让她释怀，反倒是变成了朋友们戏弄她的把柄。每逢生活不顺利的时候，朋友就会半开玩笑地说："快去发个微博吧。"

她这才意识到，没有谁会俯下身来感受自己的痛不欲生。关系好点儿的，也只能是站着，然后弯腰给一点怜悯的抚慰或同情的陪伴；关系一般的，只会觉得自己傻，然后叹气、摇头；更多的是看客，他们看着自己发疯、出丑，然后当个笑话讲给别人听。

事实上，爆一些言辞拙劣、快意恩仇的狠话，仅仅是恼羞成怒却又无计可施罢了。

之后的这些年，不论是感情受挫，还是工作遇困，她始终奉行"不说狠话，不讲丑话"的原则。微博和朋友圈里展示的消息，一年到头都不会超过五条。

初相识，大家会以为她是个不喜欢社交的女上司，但相处久了就会发现，跟她共事很舒服：没有居高临下的压迫感，也没有"我们不熟"的距离感，有的是"不声不响就把事情做好"的麻利劲儿，以及"即便是火烧眉毛了却依然不动声色"的沉稳。

有人告诉她"某某同事在公司群里污蔑你虚伪"，她笑笑没当一回事；别的部门主管提醒她"当心有人让你背黑锅"，她依然只是笑笑。甚至是劈过腿的前男友阴差阳错地来公司谈业务，作为接待方的她也表现得处处得体，没有一丝一毫的难堪和怨气。

她怒不出来，是因为她明白，生气没用，争气才行。

当一个人心里装满了负面情绪时，所有的问题都会被无限放大，对当前的不满和对未来的恐惧也会一起碾压过来。光凭忍是远远不够的，还要试着转移注意力、找人倾诉，以及闭嘴。所谓情绪稳定，是指有情绪会找靠谱的渠道发泄，但是不会因此昏头昏脑做出错误决定。

换言之，当着长辈或者领导的面拍桌子、说狠话，都算不上勇敢；向自己熟悉的人摆蹶子、摆臭脸，也算不上厉害……准确地说，这些都是情绪失控的表现。

越是什么都没有，就越害怕被人瞧不起；越是弱，就越容易怒。而那些真正厉害的角色都是不温不火的。

这种厉害不是指社交上的圆滑和做人上的世故，而是面对那些不喜欢的人和事的时候，既不表现出反感，也不讨好迎合；面对那些近乎失控的场面和不怀好意的坏人时，既不会怒不可遏，也不会立刻翻脸，而是淡然视之，泰然处之。

其内心可以容纳很多自己不喜欢的东西，同时也给自己的教养留足余地。

到末了，那些看起来如高山一般难以超越的人，终会变成悠悠人生路上的一颗小石头；而那些看似怎么熬都熬不过去的坎儿，到头来也不过是漫长回忆里的一枚图钉。

切记，丢脸的事情，不必弄得尽人皆知。

3

没有人可以一世无忧，也没有人能够一帆风顺。

不论你多么聪明也不能避开世间所有的烦心事，不论你有多大的本事也不能解决全部的麻烦。所以偶遇几个讨厌的人、遭遇几件烦心事是难免的。

楼上四岁半的小屁孩不会因为你想要休息就马上变得静悄悄，卖票的大婶不会因为你心灵美就给你好脸色，排队的人不会因为你守了秩序也跟着规规矩矩，朋友不会因为你诚实守信就对你一言九鼎，亲人不会因为你有难言之隐就全然地理解你……

遇到这些难搞的事情，生气可以，但一定要努力闭上嘴，因为你永远不知道自己说的气话会有多可笑。

"气话"有什么用呢？无非是，看着别人做了蠢事，而你却卖力地替他表现出笨蛋的样子来。

所以在离开的时候，别把门摔得太狠，因为你有可能还要回来；当意见不合的时候，别把话说得太绝，因为你还有可能会后悔。

多一分忍耐，就少几次后悔，就多几个台阶；少撂几句狠话，就少一些难堪，就多一些余地。

这样的你才会显得沉稳。明知道他不喜欢自己，你也不会因此上火；就算他刻意讨好，你也不会和他走得太近。

这种让人羡慕的"沉稳"是旁人理解不了的。他们没有在孤独里泡过，没有在热闹里烫过，他们能够看到的只是你肝肠寸断和狼烟四起平息后的安然。

当你回顾一天，发现自己控制住了"想说废话"和"想说蠢话"的欲望，并在快要吃撑之前就自觉地放下了碗筷时，你就会觉得生活充满了侥幸，并且更加踏实。

反正我前半生的人生经验中，个人认为最重要的一条是"别把自己太当回事"。很多人一辈子都无法逃出这样的魔咒：自命不凡，却又无足轻重。

很高兴不认识你，
也谢谢你不喜欢我

1

霍姑娘因为读博，职场生涯开始得比较晚。当她顺利地成为一家权威学术期刊的编辑时，已经是37岁的"高龄"了。

正式入职才过了半个小时，一位实习的女生跑过来跟她套近乎："姐，你看我叫你姐行不？虽然你看起来跟我妈妈差不多，但我感觉叫姐亲热一点儿。"

霍姑娘跟我回忆了她当时的情绪波动："一口老血喷涌到了嗓子眼儿，但还是被理智压了下去，毕竟，跟一个小姑娘发火有失体面。"

"但是，"霍姑娘咬着后槽牙说，"当时的心理阴影面积足足有960万平方公里。"

不会说话的人，赞歌都唱得五音不全，马屁能拍到马脸上。

后来相处的时间长了，霍姑娘发现这个实习生的情商简直低到了"丧心病狂"的地步。

同事 A 怀孕五个月的时候不小心流产了，她过去安慰人家说，"现在的小孩子都没心没肺，没了就没了吧，你就当作少养了一个祸害"。然后一脸天真地说："我要是你，我就会庆幸自己没有孩子。"

同事 B 家里进了贼，被偷了个精光，她跑过去安慰人家说，"旧的不去，新的不来"，末了还要补一刀："不就是几万块钱吗？至少你还活着啊！"

同事 C 要去澳大利亚旅行，前一天跟大家告别，这实习生幽幽地问了一句："你明天的飞机该不会像马航那样消失了吧？"

同事 E 穿了一件米黄色的长裙，大家都齐声说好看，结果她上来就是一句："哇，好漂亮的屎黄色！"

她强行地在别人觉得很难过的事情上发掘积极的东西，看似是在替别人缝合伤口，其实更像是将伤口掀开，然后往里面撒盐。

同时又强行地给美好的事情扣上一个尴尬的帽子，自以为"天真可爱萌萌哒"，其实是情商堪忧，智商奇缺！

我问霍姑娘："有这样的同事是什么体验？"

她发了一堆捂脸的表情，然后说："好想把她的嘴巴撕成拖把！"

所谓"交际"，其实就是让人觉得舒服、觉得被尊重。

所以，你的问题是不会把人逼到要么尴尬、要么撒谎的地步，你的关心和评论是基于充分了解事实、充分体谅别人。

所以，你不会在别人吃饭的时候聊血腥的电影，在别人憧憬美好明天的时候说未经证实的负面新闻；不会在别人用心备考的时候大谈规则的不公和环境的黑暗，更不会在别人甜蜜婚恋的过程中频繁提及单身主义。

如果你没有经历别人的人生，就烦请你不要妄加评说；如果你从来都没想过积点儿口德，那你就不要怪世界待你刻薄。

凡事多一点儿敬畏，才有可能建立一个好一点儿的口碑。而且你永远不知道，你的随口一说，很有可能就是压死骆驼的那根稻草。

和好好说话的人在一起，内心的感受是"我们站着，不说话也十分美好"，可如果是跟不会说话的人在一起，心里话就变成了"我们站着，永远不说话，才十分美好"。

换个角度来说，当一两个人说你情商低的时候，你可以猜测"是不是有人在针对自己"。但如果你发现越来越多的人都在指责你情商低时，请你一定要认真地反省一下，而不是怀疑"会不会是现在的骗子越来越多了"。

当一两个人说你嘴欠刻薄的时候，你可以不在意，但如果越来越多的人都因为你的刻薄而厌恶并远离你，请你首先从自身去找原因，而不是抱着谜一样的自信去质问别人："为什么有人可以忍我，而你不能？"

一个人最大的失败不是无人问津，而是稍微和你有过交集的人都觉得庆幸——庆幸自己不认识你。

2

在杂志社实习的时候，有个女生比我先来几个月。她的想法很多，每次讨论问题的时候，她都很踊跃。

有一次，大家一起讨论"五四青年节"这一期的主题，她抢先发言说，"应该是'迷茫'，要不就是'个性'，或者'张扬'，或者'努力'……"她一口气说了七八个词。

主编提醒她："只能选一个，你推荐哪个？"她想了想，说"哪个都行"。

那一期杂志最终用了"努力"，结果反响平平。在总结讨论时，她又率先发言了："我早就说过，要用'个性'，你们谁都不听，你看现在好了吧。"

结果是，几个同事气得翻白眼，而她还一脸的得意，就好像她早早就预测到了结局，而大家不过是齐力做了一件蠢事。

其实，不管当初她是怎么说的，也不管当初是听从了谁的建议，一旦结局成了不满意的既成事实。她一定会跳出来说，"你看，我早就说过"。因为这句话一说出口，就好像她是团队中唯一的智者。

"马后炮"最擅长的，不是找出"问题出在哪儿"，也不是想着"怎么解决"，而是要充分地、明确地告诉别人，"你错了，而我早就知道"。

"马后炮"的突出特点是：先让别人试错，再让自己得意。

他最擅长的是推卸责任。所以，在决定之前，他不会保证什么，也不敢肯定什么，但在结局产生之后，他肯定会去贬低那些拿主意、做决策，以及执行的人。

他最喜欢的是哗众取宠。因为没有一锤定音的本事，也没有担责的勇气，所以在事后轻松地说一句"你看，我早就说过"，这就更加显得自己聪明了。

对于"马后炮"来说，他想表达的意思是，"你看我多有远见，所以你该多听我的话，否则你早晚还会吃亏"。但对于听者来说，他能感受到的却是幸灾乐祸，是落井下石。

比如，"我早就说过，不要和他结婚，他一看就不是什么好人"，这句话的感觉是，"你现在后悔就是你活该"；"我早就说过，不要走那条小路，一看就不好走"，这句话的感觉是，"你弄了一身泥就是你自找苦吃"；"我早就说过，读书的时候要用功"，这句话的感觉是，"你现在工作辛苦就是你咎由自取"。

在生活中，这类人也很常见。

比如，马上要进行一场比赛，开赛之前，他一言不发，比赛刚一结束，他就要出来抢戏，"你看吧，我早就说过，这个队会赢，一脸的冠军相"，或者，"我早就说过，要把他给换下去，教练真是太差了"。

比如，你在做一件很有挑战性的工作，在开始之前，既没人反对，也没人支持。当你做成了，就会有人跳出来说，"我早就说过，这件事就该这么做"；如果你搞砸了，也会有人说，"我早就说过，这事儿不能这么做"……

唉，事后诸葛亮，事前猪一样。

就好比说，有很多人都称赞马云的成功是其智慧和远见造就的必然结果，但在20世纪90年代，他却被很多人视为"骗子"，因为当时几乎没什么人听说过互联网；又好比说，有很多历史学家都说"第一次世界大战"是必然发生的历史事件，但在1914年，几乎没什么人担心过，因为在当时这听起来很荒唐。

换言之，远见要用在指导未来上，而不是用在挖苦过去。

要避免做"马后炮"，最好的方法是把自己的想法写在纸上。

关于老板的决定，亲人的强求，朋友的选择，职业的方向，科技发展的趋势，球队的成绩等，然后时不时地用既成事实和自己的预测进行对比。

你会慢慢意识到，自己其实是一个非常糟糕的预言家。

我的建议是，如果一开始你就有不同意见或者预判，但别人没有接受或者重视，而你意识到了自己无力左右，那就由着别人去吧。

如果将来的某一天，他突然推翻了自己的意见，或者事实证明他当初的判断是错的，这时候你就不要再理直气壮地说"看吧，我早就说过……"，而是要反思一下：为什么自己没有说服力？

你当初是说了，但别人没听，这就等同于你什么都没说。"说服不了别人"和"你根本就没说"，其实是一个意思。

3

一个女生在失恋之后找一个男生聊天，他们从前说过的话加起来不超过三句，但最近一个星期，聊得很火热。女生逐渐平复了情绪，然后就对男生爱搭不理的了。男生于是找我诉苦说"感觉被人利用了"。

我问他："你该不会是喜欢上她了吧？"

男生说："真的不是喜欢，就是互相倾诉了很多秘密，以为是个不错的知心朋友。没想到会突然变成现在这样。"

他大致描述了一下现状。上午发的消息，女生往往是晚上才回；周末发的消息，往往是周一才回。

男生曾宽慰自己，"可能是忙别的事情"，可一点开朋友圈就能看到女生的最新动态以及热闹的评论互动，就像是24小时在线。

男生也问过女生"为什么这么晚才回消息"的问题，得到的答复竟然是，"啊？我没有回复你啊？我以为我早就回了呢"。

我说："你只是做了一个星期的止疼药而已，就该做好'病好痊愈后，药会被收起来'的准备。"

在通信发达的年代，很多人都得了一种叫作"意念回复"的病。

看到消息了，脑袋会闪过一些念头，可最终没有回复。等到你去问他的时候，他就咋呼咋呼地说："啊，原来我没有回你啊！我以为我早就回复了呢！"

其实，这不是病，很有可能是你在别人那里已经不重要了。

有人可能会解释说，有些朋友是可以不用回复的，有些信息是可回可不回的，有些时候是没想好怎么回……

可如果是越来越频繁地不回复，越来越长久地不回复；如果是这边不理不睬地晾着你，那边堂而皇之地发着朋友圈或微博呢？

不要自欺，也不要欺人。你回头想想，"自己发出去的消息被人秒回"和"自己发出去的消息跟没发一样"的感受是多么悬殊？你也不妨问问自己，在离了手机就寝食难安的年代，你事实上错过了几条消息？

要我说，如果两个人的关系已经到了连回复一条消息都会觉得"没必要"的程度，那这段关系也势必到了没必要费心维系的地步。

东野圭吾在《解忧杂货店》里有一段精妙的描述："人与人之间断了交情，并不需要什么具体的理由。就算表面上有，也很可能只是心已经离开的结果，事后才编造出的借口而已。假如心没有离开，但关系破裂了，那么他就会来挽救。如果没有，说明其实关系早就破裂了。"

对于一个心已经离开的人来说，你的关心问候就像是太阳底下点的蜡烛，他都看得见，却真的不需要了。

朋友很重要，有人说了，"跟着苍蝇能找到厕所，跟着蜜蜂能找到花朵"。但友情很脆弱，可能一次怠慢就有隔阂了，可能一次误会就分道扬镳了，可能一次别离就再也没见了。

命运就是这样，不论重复几次，你和他还是会毫无缘由地遇到，然后义无反顾地分开。即便如此，也不要说"失去"了谁，或"拥有"了谁，毕竟，大家都是向命运借来的，早晚都要还回去。

本来就是各有各的前程，何必绑着彼此讨要缘分？

若是喜欢，尽情喜欢；若是讨厌，尽情讨厌。

关于交情，最好的心态是，珍惜那些愿意留在身边的，尊重那些愿意交心的，至于其他的，敬请错过。

多一点自知之明，
少一点自作多情

1

和耗子认识超过十年了，他做了很多让我佩服的事情，包括读博时申请到了某国名校的全额奖学金、只身一人从北京徒步去了一趟西藏，以及一顿吃下了三十个包子……但最让我佩服的是他当着全校师生的面向暗恋多年的校花表白了。

大学时的耗子很自卑，腿短、脸长，家境一般，不论是颜值还是才华都很普通。他常常自嘲道："一米七五的身高，一米五七的脸；别人是一笑倾城，我是一笑'屠'城。"

可遇见校花之后，耗子就像是着了魔。每天离开寝室前，他都要预演一遍见到校花时该说的话，该做出的表情，但从来没有用过；每天睡觉前都要刷一遍校花的微博和朋友圈，但从来没有点赞和留言；逢年过节也会编一大段祝福的话，然而都删了……

他深感自身的卑微，甚至连偶遇都觉得是在冒犯。

自卑的人一旦有了心仪的对象，那感觉就像是矮人爱上了精灵，就像是凡人爱上了星辰。

直到大学毕业的散伙饭上，耗子才鼓起勇气和校花说了第一句话："你好，我能跟你合个照吗？"校花笑着点了点头。

合照之后，耗子脑袋里一片空白，他不知道该说点儿什么，竟然冒出了一句"谢谢"，校花诧异地看了耗子一眼，然后回了一句"不客气"。

"不客气"这三个字是整个大学四年里，校花对耗子说的唯一一句话。这一丁点儿的交集在耗子往后的求学生涯中被回味了无数遍，他经常幻想，要是自己长得再帅气一点儿，大学时代应该就有勇气去表白了；要是家境再优越一些，毕业那天就敢邀请她去看场音乐会了……但最终，这些幻想都被一句"像她那么好的人，我哪点儿配得上"给浇灭了。

或许，只有经历了这样一段小心翼翼的暗恋时光的人，才能深刻地感受到，自卑和幻想会猖狂到什么程度。

或许，只有这样毫无指望地喜欢过一个人，才会确切地领悟到，什么叫作"平民生活的英雄梦想"。

心里没日没夜地翻着惊涛骇浪，整个世界却全然不知。

在遇见校花之前，耗子自称是"嬉皮笑脸的悲观主义者"——爱笑、很宅，经常郁郁寡欢。凡事他都"做最坏的打算，想最坏的结果"，凡事只求"差不多就行"。他觉得自己这辈子"差也差不到哪里去，好也好不到哪里去"。

而那之后，他依然自卑和敏感，却不再给自己设限。他照旧会考虑事情"最坏的结果"，但他也想知道"尽最大的努力了，最好能怎样"；他更逐渐觉得自己这辈子"不只是现在这样，也不该是现在这样"。

校花成了耗子心里那个美好得近乎耀眼的存在，在后来那段无人问津的求学生涯里，耗子匍匐在她的影子里，卑微着，也兀自努力着。

直到前年，耗子被高薪聘请回国，直到他的学术论文频繁见于各大期刊，直到他在母校的庆典上以"优秀毕业生"的身份做演讲时，台上的他才突然意识到，自卑的毛病竟不药而愈了！

他这才明白：自卑的根源不在长相或者出身，而是没有什么拿得出手的本事，没有什么具备竞争力的优点。

下了台，耗子径直走到校花面前，他向校花表白了："你好，我喜欢你，很多年了。"

校花一脸诧异，然后客套地回了一句"谢谢"。

耗子也笑了，说："不客气。"

此时的耗子无比坦然。对他来说，结果已经不是最重要的了，最重要的是，他有底气去追逐星辰了，而不再是像从前那样，只是躺在草地上仰望。

所谓"有自知之明"，不是用短板把自己吓唬住，不是用弱点逼自己打退堂鼓，而是让你意识到差距的存在，让你知道该采取行动缩小差距，而不是在幻想一番之后，或继续消沉，或自觉消失。

所以，不要急着说"岁月静好"，也不要急着宣布"命中注定"。不谙世故的超然物外都是虚伪的，不经争取的放弃都是可耻的。

你尽了全力，才有资格说"运气不佳"；你努力变优秀了，才有资格说"配不上谁"。

否则的话，你的不敢只是因为你的不争——你只不过是为自己长时间的不思进取找了一个看似合理的借口，然后把心里的冲动和美好一点点地荒废掉，最后将不如己意的生活归咎于命运。

所以，如果你正毫无指望地喜欢着一个特别优秀的人，就不要对自己没有要求。与其在年纪轻轻的时候随随便便找个人"凑数"，不如好好利用这种落差来逼自己更优秀。

如果你目前没有喜欢的人，那就更要努力变优秀，以防哪天遇到了，只能狼狈和后退。

不想吃天鹅肉的癞蛤蟆不是好蛤蟆！

2

如果成年人恋爱有指南的话，最重要的一条应该是：心里要有点儿数！

才上了半个月的健身课，虹姑娘就觉得自己恋爱了。她私信跟我说："我觉得我们帅气的教练对我有意思。"

我问："比如说？"

她说："每天晚课之后，他都会送我到健身房门口，目送我上车；我到家之后跟他说每天的心得体会，他都会逐条替我分析；入睡之前跟他说'晚安'，他也会回复我。"

我说："就这？他送你出门、回复你的消息，难道不能理解为：只是基于绅士风度，或者是一个商家对顾客的优质服务？"

她没有再说什么，大概是因为她想要得到肯定的分析，不料被我泼了冷水。

又过了半个月,虹姑娘又来私信我。大意是,她很难过,因为
她向教练暗送秋波,而对方总是假装不知道,精心制作的饭团,都
被教练分给大家吃了。

在一次聚餐上,虹姑娘借着酒劲儿直白地说出了"我喜欢你",
教练先是一愣,然后笑呵呵地说:"你是我的学员,我也喜欢你啊!"

我问她:"所以,你还是觉得他对你有意思?"

她说:"应该是啊,那么多学员,他对我最好了。我约他吃饭,
他有时间的话一定会来;有好看的电影,他也会推荐给我。"

我说:"普通朋友也可以这样,擅长社交的人可以跟任何人吃饭、
看电影……这根本看不出来是喜欢,连示好都算不上。"

她说:"可是,可是我很喜欢他!"

我说:"喜欢一个人是你的权利,但不代表被你喜欢了,所以他
就亏欠你什么。"

其实我想说的是,如果你能早点儿认清你在别人心中没那么重
要,你会快乐很多。

都是大人了,谁都不是傻子,你的小心试探和种种套路很容易

被识破的，如果他没有很热情地回应你，就相当于是委婉地拒绝你。

至于那些拿来说服你自己、说服死党和闺密、用来证明"对方其实是对自己有意思"的蛛丝马迹，拜托你不要逢人就说了。

残酷的真相是：只有那些为非作歹却又拒不承认的事情，才需要用蛛丝马迹来确认。

现实中的喜欢，往往都是很明显的。就像美国电影《其实他没那么喜欢你》里的那句经典台词："如果他被动、矜持，那说明他没那么喜欢你。在整个人类历史进程中，任何一个男生都会为了接近喜欢的姑娘而不在乎断送'友情'。"

所以，不要编造谎言来麻痹自己了。什么"也许他不想破坏我们的友谊""也许他害羞""也许他不知道怎么联络我""也许他正在忙正事儿"……

真实的情况是，除非他不想找你，否则的话，在通信方式如此发达的今天，他不可能找不到你的联系方式的。

除非他就是不喜欢你，否则的话，在你敏感、真诚、热烈的关注之下，他不可能把爱意藏得那么深。

需要用显微镜才能看见的爱情，不是微不足道，就是根本没有。

最后特别提醒一下，当你发觉自己跟一个人非常聊得来的时候，不一定是你们聊得有多投机，或者三观有多一致，还有可能是：对方比你更聪明，或者更擅长社交！

当你遇到一个人，他能理解你的处境、尊重你的观点和信仰、和你打成一片，让你觉得很舒服的时候，不一定是他对你有意思，还有一种可能是：他待人礼貌，很有教养！

所以，你还在为朋友圈里某个人或是礼貌，或是习惯，又或是昧着良心的点赞而沾沾自喜吗？

3

有一个值得深思的"笑话"。

说是 A 的亲人在大街上受了伤，血流如注。在救护车赶来之前，A 站在路边向路人求救，此时 B 出现了。他一边挤开围观人群，一边喊着："都让一让，都让一让。"

就在 B 准备施救的时候，A 问道："你是医生吗？"

B 说："不是。"

A 又问："哦，那你是学过抢救方面的技能吧？"

B 继续摇头，然后很诚恳地对 A 说："我是一个好人，我从来不说脏话、假话，我上班从来不迟到，我对父母孝顺，而且非常知足。

对了，我还有一只养了六年的哈巴狗。"

A 听蒙了，"那你来干吗？你会抢救吗？"

B 说："我不会抢救，可我是一个好人！"

剩下的事情，你完全可以脑补出来：A 可能将 B 当作"神经病"，然后大声喊着"滚开"。B 可能理直气壮地回应 A："你怎么这么肤浅，难道你就不相信我有这些优良的品质吗？你为什么要咬着'不会抢救'这件事情不放呢？"

我想说的是，生活很现实，爱情更现实。当你在对方面前不被重视、不被在乎的时候，你可能就是上面笑话里的 B，再多的喋喋不休也掩盖不了"你无法吸引对方"的事实。

这里所谓的"吸引"，就是你的颜值、教养、幽默感，也包括了家庭、背景，或者性格。如果你认定了"非他不可"的话，那你就得想想：对方需要什么，自己又拥有什么。

想对一些女生说，男生喜欢身材好、爱打扮的女生没什么不对的，如果他们喜欢明眸皓齿、秀外慧中的女生，你不是一样没机会？你该不会是以为，男生就得喜欢你这款，才叫有品位吧？

想对一些男生说，女生喜欢颜值高、说话有趣的男生也没什么不对的，如果她们喜欢腰缠万贯、学富五车的男生，你不是照样没机会？你该不会是认为，女生就得喜欢你这样的，才叫有眼光吧？

好看、聪明、风趣、雄心勃勃或者技压群雄，如果你一项都没占上，就别怪他人瞧不上你。

不要告诉我，你最大的优势是："我是个好人。"

残酷的现实是，有些东西打了折扣，你照样买不起；有些人把眼光放低，也照样看不上你。

不要因为喜欢一个人，而刻意展示那些自己本就不具备的品质，也不要因为被一个不喜欢自己的人伤害了一下下，就认为自己一无是处。在感情的博弈中，不要盲目乐观，也不必刻意渺小。忍受他人的缺点，不见得是美德，但惯着自己毫无长进，却是另一种形式的不道德。

怕就怕，你喜欢的那个人，最初是没有择偶标准的，却因为认识了你，居然知道了"什么类型的不能要"。

怕就怕，你中意的盖世英雄，趁着哪天心情好，披上了金甲圣衣、踩上了七彩祥云，却是来和你擦肩而过的。

穷在闹市无人问，
富在深山有远亲

1

论胆量，张曼肯定是我认识的人当中最胆小的那位。她怕黑、怕狗，怕一切怪异的声响。即便是住在武汉最繁华的地带，她也时常担心会有什么虎豹豺狼从远山上跑来，跃过围墙，潜伏在小区里，然后在深夜爬上五楼，将她叼走。

但论赚钱，张曼则是我认识的女生当中最拼命的那个。不论是股票、基金，还是债券，但凡是与赚钱相关的事，她都算得上半个专家。即便她现在已经在武汉拥有数套房产，她还在拼了命地赚钱。

我原以为，像她这个年纪的女生，胆小是因为没经历过什么苦难，赚钱是为了买买买，熟悉之后我才知道，她胆小恰恰是因为经历太多，她拼命赚钱是因为"穷怕了"。

在她上小学的时候，爸爸经营的是一家零售批发的小店，客户常年赖账不说，亲戚朋友还喜欢赊账，常常是拿了东西就丢一句"先记账上吧，过两天给你送钱来"。然后所谓的"过两天"，一拖就是好几年。

最惨的那几年，妈妈重病却无钱可医，爸爸只好带着她四处去要账，以至于那几年的大年三十，她都是在别人家的门口站着。

"那几年，我才真正地理解了'穷在闹市无人问，富在深山有远亲'是什么滋味了。"她回忆说，"要账的时候，外面冰天雪地，屋里花天酒地。我站在寒风里，与屋内的温暖场面显得格格不入，就像个乞丐，站在金銮殿外。没有人会邀请我进去，就像没有人邀请我来一样。"

胆子就是那时候被吓破的。她说："很多人家都养了狗，那些狗仗着主人的势，见到陌生人就乱扑乱叫。那是我童年的噩梦，并一直延续至今。"

"爸爸更惨，他那个年代的知识分子，骨子里都清高，竟然要弯下腰去对欠他钱的人说软话。"

她永远记得爸爸当年求人的话，她模仿道："我也是没办法了，救命的钱，要不然也不会大年三十来麻烦你""你看，我女儿就在门外面等着，过了年还要交学费的""你多少结一点儿吧，要不把前年的账结一部分也行"……

那时的她就有了这样的想法：有钱不一定是快乐之源，但没钱一定是痛苦之源。

大学毕业之后，她只身一人到武汉打拼。第一份工作是最不招人待见的销售，尽管受尽了白眼和不耐烦，但当时的工资也只够交房租和起码的温饱。

有一次，她请客户喝了一杯咖啡，结果心疼了好半天，因为那几乎是三天的饭钱；平时同事请大家吃饭，她从来都不敢参加，因为担心回请不起；遇到了心仪的男生，她从不会表白，因为自卑……

贫穷真正可怕的地方，不只是物资上的匮乏，还包括精神上的窘迫。它会将你用力掩饰的卑微放大，使你不得不小气，不得不放弃，不得不孤僻。

直到她由一个底层销售员坐上了区域经理的位置，直到她从瑜伽垫都放不下的小出租屋里搬进了宽敞明亮的公寓里，直到她的存款由三位数变成了七位数……她才逐渐感受到了什么叫"尊重"，她觉得这种感觉超爽。

她说："如果非要从曾经的那些艰难、尴尬的事情中挖掘出意义，我能想到的是，它们时刻都在提醒我保持努力，提醒我要对自己的灵魂负责，提醒我要有尊严地活着。"

穷则思变，弱则思勤；有钱随意，没钱努力。生活从来都是这么残酷又直接。

随着时间的增长和眼界的开阔，有的人在慢慢觉察出来的不公平情绪里变得越来越"丧"，既失去了造梦的能力，也失去了逐梦的热情；有的人在烦心事铺天盖地而来的时候，毫无招架之力，只能是一边愤世嫉俗，一边怨天尤人。

只有极少数人，能将赚钱视为紧迫而光荣的事情，所以他们有底气和韧性去承受命运给自己的"玩笑"，就算偶尔也会很惨，但不会惨兮兮。

记住富兰克林的话，"钱包空空的人，直不起腰来"。

怕就怕，你不仅穷，而且玻璃心、没担当，还很懒惰、无聊……由于你的缺点多如繁星，穷反倒成了众多缺点当中最纯洁、最容易被人接受的了。

2

在一堂关于"人工智能"的公开课上，主讲人正滔滔不绝："人工智能的特长之一是预测，这有什么用呢？打个比方说，通过你平时的消费习惯，距离你最近的超市能够大致预测你近期需要采购什么。如果这家超市和你们家的智能冰箱取得了联系，那么在你发出采购指令之前，超市就会早早地将你最喜欢的鲜奶送到你的家门口。酷吧？"

说到这里的时候，她故意卖了个关子："大家想一想，人工智能时代最要紧的事情是什么？"

底下有人喊："要保护好个人信息。"

她笑着摇摇头说："要有钱。"

主讲人叫柳茹，一个集智慧、美貌与乐观于一身的女子。她的签名档写的是："钱是底气，美是底线。"

不管去哪所学校做演讲，她都会向学生强调："毕业以后，相由'薪'生。"

把时间往前推五年，算得上"家徒四壁"的柳茹正面临着人生中最艰难、最绝望的选择：她的妈妈被确诊为肝癌晚期，这是她世上唯一的亲人。

医生给出了两种选择：一是花钱续命，二是放弃治疗。前一种选择的后果是她需要负债超过30万元人民币，后一种选择的后果是她马上变成孤儿。

想必很多人都会说，"当然是花钱续命"，柳茹也毫不犹豫地选了这个。

紧接着，出现了第二个选择题：一、用一万多一针的进口药，但不能用医保，好处是病人的反应会很小；二、用一千多一针的国产药，好处是可以用医保，但会出现呕吐、掉发等剧烈的不良反应。

很多人又会很轻松地说，"当然是用进口药"，没错，柳茹也是选的这个。

大约熬了四个月，所有的积蓄、借款都用光了，所有的亲戚都躲着她走，她在医院的厕所里哭得撕心裂肺。

再回忆起当时的艰难，如今已经小有成就的柳茹还是会不由自主地流出眼泪。她说："贫穷最大的问题，是在人生的关键节点上，让我失去了保护至亲的能力。"

想起马薇薇说过的一段话："人生大致有三种类型的选择题：一是，两个选项都是对的，所以无所谓，选哪个都很爽；二是，一个选项对、一个选项错，这也没问题，选错了就当是自己傻；三最难，因为两个选项都是错的。

穷得越久，就越容易遭遇第三种类型的选择题。

因为穷，很多时候是没有正确选项的。

金钱就像是包裹这个功利世界的脂肪，它能帮你缓冲厄运的打击、减少失望、降低伤害，甚至能帮你留住亲人与爱人。

一旦你的钱包瘪了，你就会迅速地感受到来自贫穷的悲哀。

钱确实不是万能的，但不争的事实是，钱可以轰掉生活中半数以上的拦路石。

当你遇到喜欢的人的时候，你有足够的底气去表白；当你不准备结婚的时候，你有信心等等看、慢慢挑，敢把催婚的话怼回去。

当你的爸妈渐渐老去的时候，你有时间和机会尽孝；当你看到喜欢的东西时，你有机会马上拿下它。

当你受够了老板的气的时候，你有胆量说"我不干了"；当你被生活折腾得疲惫不堪的时候，你能够随时开始一场说走就走的旅程。

而不是，明明喜欢这件衣服，却不得不买另一件更便宜的；明明喜欢这份美食，却不得不点另一份有优惠券的；明明对这款包包喜欢得挪不动脚了，却不得不狠心地忘了它；明明早就想去旅行了，却不得不一次又一次地找借口说"等有时间了"；明明已经气得满屋子砸东西了，却不得不小心地避开所有值钱的东西……

我的建议是，不论你是君子还是女子，"爱财如命"永远没错，但一定要记得"取之有道"，不是"张着嘴巴，等人来喂"，也不是"把脑袋一歪，靠到谁算谁"。

前半生再安逸、再放肆，下半生还是要靠金钱、靠本事。

你已经是大人了，不要想着到处找遮风避雨的屋檐了，你得成为屋檐！

3

你说"不喜欢谈钱"，说"谈钱伤感情"，可现实情况是，没钱才伤感情。

你说"要及时行乐"，说"人生不是只有钱"，却忘了这是有闲又有钱的人才有资格讲的话。

你说"长大很扫兴"，说"活着没意思"。可事实上，不是长大没意思，也不是活着没意思，是穷着没意思。

你年轻的时候喊"莫欺少年穷"，中年的时候开始喊"莫欺中年穷"，到老了又喊"莫欺老年穷"，最后再来一句"死者为大"，你这辈子也就这样心高气傲地过完了。

在最容易了不起的年代，你只能眼睁睁地看着别人了不起；然后在最容易赚钱的年代，成了最容易被别人赚走钱的人。

于是，在为数众多的省钱妙招中，你最常用的一招是"不买了"。

于是，听着服务员报完账单，问你是现金还是刷卡时，你恨不得问一句："能刷碗吗？"

于是，从来没有机会去体会"有钱真好"，却常常无奈地说："有钱，就好了。"

你抱怨团购的体检服务太差，却忘了当初的首要目标是"尽量少花钱"；你数落朋友待你轻薄，却忽视了在交际中与人礼尚往来；你哀叹无法用金钱买到幸福，却忘了自己其实并没有什么钱……

你在离家几千几百公里远的城市里打拼，本是个无拘无束的人，却常常选择了"宅"。不是因为没有朋友，不是因为性格内向，不是讨厌热闹或者讨厌都市生活，常常只是因为"没钱"而已。

你看，贫穷使人安分守己。

绝大多数人的想法都雷同，都希望在不那么费心费力的前提下，突然出现一个契机，然后自己的人生突然变好，从此顺风顺水。可惜的是，梦做得再美，也终究是梦而已。

要想过自己想要的生活，就要从自怜的情绪中走出来，把精力用在努力赚钱上，而不是幻想或者抱怨。至于那些天天宣称"生活与钱无关"的人，你也大可不必花费脑细胞去反驳他们，因为他们可能真的不缺钱，但你缺。

　　面对贫穷带来的暴击，我真心不建议你感谢这种苦。你应该感谢的，是有尊严、有追求的你自己——哪怕三天没吃饭，也要装个卖米汉。

　　更重要的是，你还要做好这样的心理准备：靠自己赚钱是一条注定孤独、辛苦的旅程，"酷"是假的，"惨"是真的。

　　熬过去了，你就是光芒万丈的涅槃凤凰；熬过去之前，你可能就是别人眼里的"笨蛋大蛾子"。

你什么都看不惯，
可什么都解决不了

1

命运的残酷性体现在了哪些方面呢？我猜至少有这样一个：就是给了一些人与能力不相配的欲望。

有个在银行上班的男生私信问我："老杨，怎么出书？"

基于"好为人师"的天性，我开始热心肠地跟他讲出版的流程和注意事项，结果他突然打断了我："不是这些，我是问你怎么靠写东西赚大钱。我太讨厌现在的工作了，无聊不说，周围的人还虚伪、狡诈，时不时给我下套。不像你们写东西的人，安安静静地做自己的事，而且赚得还不少。"

我当时觉得自己的下巴都快要惊掉了，反问道："谁说出书比在银行上班要容易了？"

他说："难道不是吗？我看每年的'作家富豪榜'上的人，他们的年收入都是几百几千万元人民币。"

我回复道："每个行业从业者的收入都分三六九等。能进榜单的那是畅销书作家，他们的身后可能有几百几千个滞销书作家，而每个滞销书作家身后有几百几千个没机会出版书的作者，而每个没机会出版的作者身后又有几百几千个攒了一堆日记、手稿和想法的写作爱好者。"

他还是心有不甘："那也比在银行上班舒服。我在这家银行坚守了三年多，一次晋升的机会都没捞着，这还不算，平时还要和同事钩心斗角，你觉得我还有必要留下吗？"

我回答道："我无法判断你该不该留下，因为任何行业都有难处和好处。但我的个人经验是，如果你不能在现在的岗位上打怪升级，做出一点优于常人的成绩来，那么去别的行业或者部门，估计也会很难受的。"

他替自己解释了一下："我其实是很上进的，之前想过报学习班提升综合素质，也想找前辈拜师学艺……只是有个初步计划，具体还没有准备好。再加上这里的氛围是大家都不怎么上进，天天混日子，要不是我内心强大，估计早就和他们一样了。"

我回复道："你先上进了再说，先按计划执行了再自称与他们不同吧！"

人性的纠结之处大概在于：因为怀疑自己不是璞玉，所以没办法尽全力去自我雕琢；又因为偶尔觉得自己是块璞玉，所以无法容忍自己与碎石沙砾为伍。

你所谓的"初步计划"，更像是坐在井里仰望天空，然后搜肠刮肚地思考着人生的捷径，事实上却是寸步未行。

你所谓的"没有准备好"，更大的可能是"你准备好了也不敢行动"，就像那些自称"没有时间学习"的人，往往也是"有了时间也不会学"的人。

你所谓的"我内心强大"，更像是一个不倒翁，任凭别人怎么打击都不会倒下，但同时也没有一丁点儿的长进。

初入职场的人特别容易滋生"看不惯"的情绪。

比如，你最初是在事业单位，因为看不惯那里低效与碌碌无为，所以转行去了外企；又因为看不惯外企的压力大，所以选择了安稳的国企；可到了国企又看不惯那里复杂的人际关系，转身又去了私企；进了私企却发现制度和管理到处都是问题……

看不惯的人和事越多，就越能说明一个问题：你并不适应这个社会。

对于没有背景和天赋的普通人来说，最好的策略是：一边忍耐，一边努力。

借用《恶之花》里的一句话就是："为了挣得糊口的面包，你应该像唱诗班的孩子那样，唱你从不相信的赞美诗。"

你只有攒够了资本，才有可能离开你看不惯的圈子。怕就怕，你有一颗王子的心，无奈却是管家的命。

换言之，人生往往要走两条路：一条是你必须走的，一条是你想走的。你首先要把必须走的路走漂亮了，才有机会去走想走的路。

怕就怕，你只顾着高屋建瓴，说什么大格局，却丝毫没有实际行动，相当于原地踏步。

你就像是一只蛐蛐叫个没完，满脑子装的是自由，是个性，是高大上，表现出来的是不满，是不屑。可你光顾着寄希望于未来或者某个巧合、机遇，结果差点儿饿死在了冬天。

事实上，当你看不惯一个人或者受不了某个环境的时候，是有五个选项摆在你面前的。

A. 你有本事，有手段，所以能够让看不惯的一切都变成你喜欢的样子。

B. 你没本事改变它，所以你自觉地从它面前消失。

C. 你没本事改变它，但愿意改变自己，尽量去适应它，等变厉害了再换个更好的环境。

D. 你没本事改变它，也不想改变自己，但有强大的"忽视能力"，可以做到无所谓。

最惨的是 E 选项。因为你没本事改变它，也不想改变自己，同时做不到无所谓，所以你留在原地，怄气不止。

人类的情绪问题常常来源于两个方面：一是欲望太多，二是提不起欲望。

欲望太多就会陷入"求而不得"的挫败感中，像是时时刻刻都在使劲儿，却什么都没做成，又或者是觉得，做这件事情的时候觉得耽误了自己做别的事情，所以什么都没做。

比如说，你这个月的计划是提升口语、瘦十斤、登一次山、回家看奶奶、做五套题……在执行的过程中，练口语的时候想着登山计划，回家看奶奶的时候想着练习题，做题的时候又想着减肥。

结果是，你所谓的"有计划的生活"事实上变成了紊乱的随机性行动，你在这一刻的"绝妙主意"完全可以违背上一刻的"坚定信念"。

提不起欲望就会陷入"懒得去做"的无力感中，像是被关进了牢笼，却也懒得抗争。

比如说，前一天约好和朋友去自习室，早起就不想去了，就给对方发信息说"今天有点儿不舒服，不去了"；每天都计划要坚持跑步，可事到临头了马上给自己找理由，"今天太累了，明天吧"；想要考证，想要高分，可翻开书，脑子里蹦出来的念头居然是"时间多的是，我休息好了再学"……

结果是，你的拖延症成了"顽疾"，懒癌到了晚期。

我想提醒你的是，虽然大家都曾被视为未来社会的主人翁，可等未来到来的那天，有的人确实成了主人，但更多的只是成了翁。

2

上大三的 K 姑娘和室友闹掰了，跑来找我吐槽。

关于闹掰的原因，她是这样说的："我讨厌所有自以为了不起的人。拿奖学金有什么？长得好看又怎样，居然还跑来指导我，说希望我也能得奖，说希望我能作息规律……真是太自以为是了！"

我问她："那你觉得，怎样才算是了不起？"

她好半天才回复我："做自己就行了，我才不会变成别人喜欢的样子。"

我又问："那你是怎么做自己的呢？"

她说："喜欢什么就做什么，怎么舒服怎么活呗！他们越是希望我上进，我就天天游戏追剧，他们越是希望我减肥，我就越讨厌锻炼。为了让看我不爽的人越来越不爽，就是我现在的首要任务。不及格又不会怎样，胖一点儿又不会怎样，拿不到奖学金又不会怎样。是吧？"

我回复道："你这根本就不叫做自己，更像是在'揍'自己。"

你所谓的"有个性"，更像是在任性；你追求的与众不同，其实是最廉价、最偷懒的"做自己"。

你只是在拿"做自己"为软弱和懒惰做掩护。所以但凡有谁指出你做得不对，你就理直气壮地说，"我只是不想跟你一样"；明明很嫉妒、很自卑，却又无力超过他们，却偏要说，"我只是不想要"。

说出"我要做自己"的好处是，它会让你瞬间觉得轻松，但坏处是，你轻松地放弃了自己。

在功名利禄面前，你像个圣人，什么都不屑于要；在权力斗争面前，你又像个仙人，什么都不想要，活脱脱就是一个现代版的陶渊明。

可事实上呢？你不是不想要，而是得不到。于是，相比较大费周折的努力，你选择了不费力气的豁达。

到末了，看别人因为成绩出色、阅历丰富、仪表出众而让人生一路绿灯的时候，你只能愤愤不平，因为你能写的"获奖经历"只能是"喝可乐的时候中过再来一瓶"。

现实中，这样的"愤愤不平"很常见。

比如说，昔日的兄弟成了大老板、昔日的同桌成了明星、昔日的情敌成了音乐家……再对比一下平凡而又失败的自己，很多人第一个冒出来的想法大概是，"这人肯定是有后台""估计是靠老公""有什么捷径吧"……

其实你不是不相信他们有能力靠自己变成很厉害的人，你只是想用自己臆想的谎言来安慰自己破碎的心罢了。

但是，这样想你就能比他们好了吗？不会的，更大的可能是，你会越来越差。

没有努力地"做自己"，更像是在躺着说各种主义。可这既不会让你变成更好的自己，还会让你错失很多变好的机会。毕竟，你不可能靠喊口号就能吓走困难。

你只有把摆在面前的事情一件一件地做成了、做好了，你才有可能接近那个更加理想的自己！

人的固执往往都固执到了骨子里。对你来说，改变自己，比吵架、分手、绝交，都要更痛苦。所以你宁愿选择终结一段关系，也不愿意改变自己。

当然了，你一般是不会承认自己嫉妒别人的，因为嫉妒经常是以"瞧不起"的形式呈现的。别人得奖了、被爱了，都是因为"他运气好，所以没什么了不起"。

问题是，你并不知道别人吃了多少苦头，而那些苦头，就算你知道了，也不见得吃得下去。

于是，你的世界里又多了一个未解之谜——除了"海盗的宝藏在哪里""外星人的长相如何""恐龙灭亡的原因是什么"之外，还包括"那些讨厌的人为什么都比自己混得好"。

3

经常听到有人在微博上喊，要抵制这个，抵制那个，可他除了会喊口号之外，几乎帮不上什么忙。

关于"抵制"，最有意义的做法是：你在努力比他们的同龄人更明事理，更有责任感，更加上进。你的精神比他们的更丰富，你工作和学习比他们更努力，你的未来比他们的更有希望。

多数人的问题都雷同：懒而不自知，知而不能改，改而不能恒。

以至于有人将普通人的一生划分成四个阶段："心比天高的无知快乐与希望，愧不如人后的奋斗与煎熬，毫无回报的愤懑与失望，得过且过的平凡和颓废。"

你觉得自己到哪一步了？

老师教的是："书到用时方恨少，事非经过不知难。"你却活成了："书到用时发现都是新的，钱到月底了肯定不够花。"

别人是"大隐隐于世，小隐隐于野"，你是"大隐隐于逃课，小隐隐于脸皮厚"。

你拿了无数届的"放弃大赛"和"吃垃圾食品大赛"的冠军。

作为"怕麻烦星球"的常驻居民，你恨不得将语音提示改成："您拨打的用户是社交恐惧症患者，请下辈子再拨。"

你追求与众不同，因为你觉得那样很酷。于是，别人都在乖乖学习的时候，你在看最新的小说；别人都在悄悄努力的时候，你在悄悄休息。

我想你可能搞错了，从你出生的那一刻起，你就已经是独一无二的存在了。你现在努力追逐的，应该是出色，是优秀，而非"不一样"。

真正的与众不同不是放纵，而是优秀，是见识更高明一点，表达更从容一点，实力更出众一点……这些"一点"叠加起来，你自然就与众不同了。

怕就怕，每个人都有漂亮的一面，而你是个圆的。

所以，还是要主动去努力啊，否则世界不会主动让你满意的，就像你不去敲门，门就永远不会为你而开。

你可以为自己寻找各种借口对生活低头，也可以迫使自己更好地生活。选择权在你手上。

但我想提醒你的是，你未来的身价取决于你现在"做了什么"和"做得多好"，而时间会替你回答，"你算什么东西"和"你值几个钱"。

所以，多向上学习，少向下白眼。

成长就是这样，"攒够本事"或者"摆正心态"，两样都不行，就别妄想和这个世界一较高下了。

多数人的问题都雷同：

懒而不自知，知而不能改，改而不能恒。

允许别人和自己不一样，
也允许别人随便是哪样

1

发了个朋友圈：继"人精""戏精"之后，社会上出现了一种新型妖孽——"杠精"。

不一会儿，潇潇就给我发了私信："我可能就是你说的'杠精'，我特别受不了别人的不同意见，特别喜欢较真，特别容易情绪化。当然了，也特别讨人嫌。"

她举了几个例子。

大三的时候，和室友闲聊，室友说她最喜欢的是《变形金刚》，因为太酷了。潇潇马上说："它没什么情节，还是《忠犬八公的故事》好看，既有人性，又戳人心。"

见室友没有接话，潇潇就花了半个小时搜集了各个影评网站的评分信息，然后找室友"理论"，"《忠犬八公的故事》比《变形金刚》

好看很多倍啊！不信你看，从评分上比较，《忠犬八公的故事》比《变形金刚》高很多，从故事情节上看，也……"

室友打断了她的分析，说道："不好意思，我要睡觉了。"

潇潇气得一整夜都没睡，第二天还准备找室友继续争辩，结果室友当着众人的面，说她再也不想理潇潇了。

还有一次是和男朋友去学校食堂吃拉面。潇潇喜欢香菜，就加了很多，而男朋友却特别不喜欢。潇潇先是抱怨几句，"你也太矫情了，世界上居然还有人不吃香菜"，然后故意挑了几根放进男朋友的碗里，并说道，"你吃下去试试，看你会不会死"。

男朋友把脸往左边一撇，用沉默表示了拒绝。潇潇马上升级了语气，"你不吃就是不爱我了"。对方怒视了几秒钟，然后起身走了，当天晚上，两人就分手了。

潇潇说："我至今还记得他后来的个性签名写的是，'不要和喜欢吃香菜的人交朋友，他们不挑食，早晚会把你吃掉的'。"

我问潇潇："如果我没猜错的话，你应该不止一次和朋友为了对错而争个没完吧？也不止一次逼着男朋友喜欢你的个人喜好吧？"

她回复了一个"嗯"，又补了一句，"可我总是忍不住要抬杠！"

我说："大概是因为'当局者迷'吧，所以你忽略了一个事实：那些你不喜欢的东西，不接受的观念其实根本就无关紧要。你看，因为意见不同，你与好友争执，结果你是赢了，但你们绝交了；因为喜好不同，你和恋人争执，结果你又赢了，但你们分手了……看似赢了所有，但却失去了生命中最宝贵的东西。你说这种胜利有必要吗？"

你受不了不同意见的原因是，在你看来，对方的"错误"是显而易见的，甚至到了"误入歧途"的地步，你只是想"提醒"对方，让他接受你的"正确"思路。

换言之，你们不是在对话，而是在说教；不是建议，更像是强迫。

和朋友闹掰了，与恋人分手了，很多人喜欢用"三观不合"来解释。其实更大的原因是，在恋人和朋友面前，你的心里有一种强烈的、难以自制的求胜欲望。

你认为自己的观点比对方高明，所以对方是错的，所以对方必须认同自己；你认为自己的喜好比对方合理，所以对方是可笑的，所以对方必须改正并且服帖。

那结果自然是，对方会认为你目中无人，然后理直气壮地远离你。

在交际的过程中，期望有时候会变质，变成一种隐形的暴力，就像是强迫或指令一样，在无言地要求对方顺从自己。

最好的心态是：喜欢的东西照常喜欢，但允许自己暂时无法拥有；反对的事情依然反对，但允许它们存在。

生活中难免会遇到那种脸上写着"我最正确"的人，在他看来，谁要是违背了他的心意，谁就有坏心眼儿；谁要是抛出与他相左的意见，谁就是故意为难他。

他每天的心路历程是："你居然不认可我""你居然跟我抬杠""你那么说是在攻击我""好吧，我要和你死磕到底"。

问题是，当你发现别人没有接受你的意见，就立刻发火、视其为坏人时，你其实已经变成了你讨厌的那种人。

与此同时，情绪化暴露了你内心的屠弱，表明你对自己的观点是不那么确定的。不信你回头想想，最激烈的争论往往发生在双方都提不出充分证据的时候。

罗素曾说："如果你一听到与自己相左的意见就发脾气，这就表明，你已经下意识地感觉到'自己的看法没有充分的说服力'。如果某个人硬要说'2加2等于5'，或者说'冰岛位于赤道'，你只会感到怜悯，而不是愤怒。"

我的建议是，把精力用在增长见识和本事上，而不是用发脾气的方式去要求别人跪下。不如停下来，反省并自查一下，也许你很快就会意识到，自己的判断并不是那么的合情合理，自己的结论并非那样的天衣无缝。

你有想说什么就说什么的自由，但别人没有和你一样的义务。

相处不累的关系是：积极地支持对方，愉快地各执己见。

没有人反对你，你的世界就永远只有那么点儿；没有人对你说"不"，你是永远都长不大的。

当你的脑袋里存储的事理再多一些，对别人的轻蔑就会少一些；当你手里的本事再多一些，别人与你辩驳的底气也会少一些。

一个善意的提醒，某个时候，当你下定决心不喜欢某个人时，很有可能是因为他不希望你喜欢他。

2

想起了一部名叫《釜山行》的韩国电影。

电影讲的是一场神秘疫情的暴发，让城市陷入了危机之中。感染了病毒的人会呈现出"丧尸"的状态，并通过撕咬他人而快速传播病毒。

丧尸的特点是，不分青红皂白，一旦看见和自己不一样的人，就会冲上去撕咬，直到你和他们一样了，你才能得到认同，才有容身之地。

现实当中，一个事事、时时都看不惯别人的"杠精"，和电影里容不下常人的"丧尸"何其相似！

别人独自吃饭、看电影、学习，本来一点儿都不觉得惨。可他偏要认为那些"独行侠"都是"怪咖"，还特意去问候几句："你怎么能一个人看电影呢？""一个人吃饭能吃下去吗？"

别人喜欢发朋友圈、微博，本来是想要以此来记录生活，给回忆留下一些线索。可他偏要认为别人是自恋狂，是炫耀狂。脑子里想的都是，"这人怎么又去旅游了""这人怎么那么多广告要发""这人的生活水平是装出来的吧""她也不上班，又哪来的钱到处玩呢，呵呵"……

再不就是肆意攻击别人的喜好。别人喜欢抄录名人名言，他就说"那是小学生才做的事情"；别人追星追剧，他就说那是"无脑""幼稚"……

他的目标不是辨明道理，而是气人。

236

他最擅长的事情是轻易地得出结论："这男人真抠门，群里只会抢红包""这女人整天只知道浓妆艳服，没有一点内涵""这老人什么都好，就是脾气不行""这孩子太内向了，估计没什么出息"……

看到有人说，"理解得越多，就越容易痛苦；见识得越广，就越容易纠结；人太善良，就容易被人欺负"，他轻易就信了，得出了"要糊涂、要麻木、要狠一点儿"的生活总结。

可惜没有人告诉他，活得通透、见识高明、保持善良的好处是：你会拥有与苦难相匹配的清醒，与绝望相抗衡的坚韧，与焦虑相等的心安。

他才不管这些，他只会根据他的好恶，快速地得出结论。

比如，结了婚，就说单身的人其实是怕约束；离了婚，就觉得别人的幸福婚姻都是装出来的；生了孩子，就觉得不生孩子的人都自私；工作了几年，就觉得读研、读博的人就是在浪费生命；习惯了啃老，就认为工作的人都是在出卖灵魂……

一下子就能被人看出是个坏人，那不叫坏，叫蠢；一下子就能得出结论，那也不叫聪明，叫懒。

他喜欢参与讨论，但以"抬杠"为己任。

他从来不看别人讨论的角度是什么，也不看别人说的前提条件是什么，他们仅凭自己的猜测来评论和判断，仅凭只言片语就下结论。他永远都在自说自话，外加各种邪恶的猜测，既做不到实事求是，也做不到具体问题具体分析。

这就好比说，你提醒他衣服脏了，他却回答你："我的裤子是新的。"

他擅于把无知当无畏，把抬杠当个性，他的常态是，丑而不自知，笨却不克制。

看到有人努力上进，他就去泼冷水："差不多得了，至于那么认真吗？""就你认真，就你厉害，显摆什么？"……他根本就不知道别人筹划有多久、付出有多少、积累有多难。

他自己不曾为了改变生活而努力过，却敢去鄙视那些正在努力的人；他自己日渐消沉变成了一个不痛不痒的人，却敢去嘲笑那些爱恨分明的人。

大概是因为，他自身没有当生活艺术家的本事，所以转行当了生活的"差评师"，就好像是做不了英雄，转身去当了告密者。

难怪有人说：上等人喜欢捧人，中等人喜欢比人，下等人喜欢踩人。

唉，真是替你不好意思，别人都是笑起来很好看，唯有你，是看起来很好笑。

3

有这样一则故事，说是一个人进了一家渔具商店，看见货架上有一款鱼饵正一闪一闪的，非常引人注目。于是他就问老板："这东西，鱼类真的喜欢吗？"

老板笑着对他说："这又不是卖给鱼类的。"

很多时候，你觉得不合理的事与物，很可能是因为这些东西不是为你准备的，而不见得是别人有多傻。

同样的道理。

当你看到一个不喜欢的设计时，很有可能是因为作品的目标受众不是你。根本就不是因为设计师水准差劲儿，或者是他的眼光太低级。

当你发现自己跟某个人的观点始终无法达成一致，甚至到了"经常针锋相对"的地步，很有可能是因为你们有不同的人生经历，因为结论往往就是一个人全部人生的浓缩。

当你发现一个曾经还不错的朋友突然把你拉黑了，很有可能是因为他不想跟你继续交往了。根本就不是你做错了什么，或者他犯了规。

另外有一个很重要的原因是每个人的标准不同。

比方说，甲月薪三千，他觉得月薪八千就算高薪；乙月薪八千，他觉得月薪三万才算；而丙月薪三万，他觉得月薪六万才算。这样的话，甲要是跟丙说"八千就是高薪"，丙是会不屑的；而丙要是在甲面前哭穷，那甲就会非常尴尬。

《生活大爆炸》里有一句经典台词："很多人寻觅伴侣以分享生活，少数人单身一人已足够快乐。愿天下有情人享受相爱，一如少数人享受孤单。"

都是成年人了，就该懂得"和而不同"。况且，你既没有义务也没有权利去教育另一个成年人。

实际上，只要活着，就一定会有你看不惯的人，就好像有人看不惯你一样；也一定会有不认同的观念，诚如有人不认同你一样。

所以我的建议是，允许别人和自己不一样，也允许别人随便是哪样。不要想着说服别人，也不要强求别人能够理解你。事实证明，绝大多数的"说服"都是徒劳无功的，只会让人心生厌烦，甚至产生越来越多的"不顺眼"。

所以，与人交往时，听得清楚，说得明白即可，求同存异才是君子之交。

这样的你，不会贬低别人，也不认为自己绝对正确；不再觉得有什么事情是必须要解释的，并且开始觉得不被理解是"没什么大不了的事"。

这样的你不会对他人的生活指指点点，也不会执拗于要说服谁，而是选择用善意换取善意，用尊重换取尊重——因为对方是在诚心诚意地表达意见，所以你愿意尊重，而不是因为对方跟自己意见一样，所以才去尊重。

互相能够理解，那是理想；互相不能理解，才是现实。

允许别人和自己不一样，
也允许别人随便是哪样。

被真相伤害，
总比被谎言安慰好

1

有个男生问我："你那么看得开，会有抱怨的事情吗？"

我说："当然会有，但我有个习惯，在抱怨 a 这件事，会顺手去感谢一下 b 那件事，这样平衡之后，能称得上糟糕的日子就不多了。"

他又问："那你失过恋吗？你会恨那个跟你分手的人吗？你被拒绝过吗？被拒绝之后你还有坚持吗？"我正准备逐一回答的时候，发现他已经在滔滔不绝地讲他的伤心事了。

我原本以为，他来问我，是想问我的看法，让我给出一个私人的答案。后来我才意识到，他来问我，只是给我一个机会，让我听他说。

原来，他用了大半年的时间苦苦追求一个女生，可那个女生始终不为所动，不见面，不回信息，不收礼物。

　　他中途想过要放弃，可又舍不得，但这么追下去，又觉得遥遥无期。情绪爆棚的时候，他会觉得自己这大半年都白费了，甚至觉得那个女生故作姿态。

　　他愤愤地说："我以后要做个坏人，在别人动心之前绝不动心，在付出的时候斤斤计较，我要永远当先转身的那一个，而不是像现在这样被人随时轻视，随处丢弃，像个垃圾。"

　　抱怨的尾声，他的语调又从"愤慨模式"切换成了"幽怨模式"："我很敏感，她很洒脱，大概就是性格不合吧。我的直觉很准的，我早就感觉到她不喜欢我，可还是舍不得放手。大概是因为我太痴情了，所以活该受罪，活该被轻视。"

　　我说："你的直觉是对的。你能察觉到的所有怠慢、轻视，都是客观事实，它们不是因为你敏感才存在的。"

　　他又问："那你觉得我做错了吗？"

　　我说："追不上一个人，不是你的错，但肯定也不是她的错。她只是拒绝了一个她不喜欢的人，这叫精神洁癖。而你呢，苦苦纠缠一个不喜欢你的人，这只能叫精神怪癖。"

　　她不好追，不一定是她不需要爱情，也不见得是她有多清高，很有可能是因为她知道"爱情很贵，不能随便"。毕竟，她已经在她的世界里坚守了多年，如今把自己准备得美丽贤淑，抱着一颗赤诚之心等那个"盖世英雄"，所以她绝不允许自己等到的只是一个不够满意的路人甲。

你不肯撒手，也不见得是因为你有多痴情，很有可能是因为你知道"自己这一路追过来，有多不容易"。毕竟，你翻了山，也越了岭，一路披荆斩棘才到她的门前，当然不舍得因为为难就立即掉头走开。

所以结论是，她不接受你，仅仅是因为你这个人不够令她满意，这就是全部原因。

不是她的眼光有问题，也不是你的性格有问题。你不要用"性格不合"来为自己的"魅力不足"背黑锅了。

在爱而不得的时候，思考就容易偏执，甚至扭曲。就像张爱玲在《小团圆》里写的苦情话："雨声潺潺，像住在溪边，宁愿天天下雨，以为你是因为下雨不来。"

现实中的你也差不多是这样的。情绪来了，甚至希望对方是个瞎子，这样的话，对方没看上你，没发现你的好，你可以对自己撒谎，说对方只是因为瞎，所以不爱自己。

某人对你说"不想谈恋爱"，其实是说"不想跟你谈恋爱"。因为你还没有优秀到让他改变自己的原则和人生规划的地步，但为了保护你的面子，他只好说"不想"。

所以，你就不要再心存幻想，觉得"自己再主动一点点，还有可能发生故事"了。

我要提醒你的是：以你当下的这副尊容，加上这个乏味的灵魂，以及易燃易爆易受潮的性格，你要是逢人都主动一点点，拒绝你的人是一定可以凑够一副扑克牌的。

嗯，想哭就来找我倾诉吧，我一定会尽情地笑话你的。

2

可能很多人都有类似的感受：那些快乐的、悲伤的、痛苦的、甜蜜的回忆，早晚都会随着时间的流逝慢慢淡化，而那些尴尬的回忆却会历久弥新，每次回想起来都如同亲临现场，恨不得动手掐死自己。

老于最近的感慨特别多，他找我闲聊时说："要是真有时光机器，我一定会散尽家财去坐一次，然后把曾经的蠢事都用橡皮擦掉。"

老于并不老，但他自称"做过的蠢事足够拍一部80集的连续剧"。

在他很小的时候，年过七旬的爷爷躺在病床上问他："如果我死了，你会怎么办？"

小家伙先是一愣，然后就往地上一倒，旋即打滚、哭闹。爷爷以为他是听见"死"字给吓着了，赶紧叫人将他抱起来。

结果他说："爷爷，我这是演给你看的，怕你死了之后看不见。"

上小学的时候，老师让他带一张一寸的照片，他听错了，带了一张一岁的照片，还是穿开裆裤的那种。

谈恋爱的时候，约女生看电影，因为害羞，结果买的座次居然是前后排；后来胆子肥了，就学电视剧里在女生的寝室楼下摆满了心形蜡烛，结果蜡烛选的是清明节才用的那种；第一次表白成功，他居然在深夜的操场上放了一串万响的鞭炮，结果被学校记了一次大过……

最搞笑的是去年，老于替姐姐去给外甥女开家长会，开到一半的时候犯困了，他就在课堂上偷偷抽起烟来。

老师先是对他使了眼色，他没明白；后来老师咳嗽了两下，他依然没有意会。最终，老师不得已开口了："有些人不懂规矩，一个人在课堂上抽烟。"

结果他起身了，从包里掏出一盒烟，准备给在座的家长挨个发一根。

老于讲这些旧事的时候，我笑得前仰后合。他踢了一下我的椅子，"威胁"我正经点儿。

他说："我现在最讨厌的事情就是与那些特别有魅力的人在一起工作，因为我感觉他的魅力会把我吞噬。到末了，我成了他的陪衬，就像是他展现人气、口才和人脉的祭品。"

他说："我越来越受不了我自己，不会讨喜，不懂人情世故，也不圆滑，还经常干蠢事。"

我笑着问他："那换个角度，如果让你立刻变得八面玲珑、口若悬河，让你记住每一个同事、亲戚、朋友的生日，让你摸清楚老板、上司的心思，让你在工作中抢着应酬、送礼，让你见人说人话、见鬼说鬼话……你觉得你受得了这样的自己吗？"

他认真地想了想，然后认真地摇了摇头。

其实，很多人都是高估了"不够圆滑"给自己造成的损失，却忽视了"变得圆滑世故"需要承受的代价，同时也忽视了教养、形象、本事、人品等才是决定一个人受欢迎和被重视的关键。

换言之，真正拖累你的并非"性格的不圆滑"，而是你"自身的不优秀"——是那些盛大却无处安放的情绪、没有竞争力却也没有再精进的本事，以及病入膏肓、无可救药的懒。

或许你做过很多蠢事，或许你总是后知后觉，或许你暂时没有什么拿得出来的本事，或许你在别人眼里是透明的，或许你从来都没什么朋友……

对你的整个人生来说，这些已经是既成事实了，可以说是无所谓了，但有所谓的是：你是否还有上进心，是否愿意马上改变。

在无人问津的时候，你努力学习、认真看书、刻苦练琴、用心画画……这些别人看不到的事情都指向唯一的目标：让自己有用、有趣、有料。

当有一天，别人终于注意到你的时候，他们会发现自己认识的居然是一个比想象中要靠谱得多、好玩得多、优秀得多的人，而不是仅用一个"哦"就描述完了的人。

所以我的建议是，不是把自己封印在"我很差劲儿""我不会做人"的念头里，更不要被一些人云亦云的，甚至是过时的观念牵着鼻子走。

不够圆滑没有问题，不会做人也不致命，致命的是胸无大志，身无长物。

经常听见有人说，要和优秀的人交朋友。可如果你没有什么拿得出手的东西，那么你终究是会被优秀的人撇下的。你再怎么攀缘附会，也终究入不了他的眼。

黏着一个不把你当回事的厉害角色，并不会让你变厉害，相反，那叫自降身价。

人脉的本质是强强联合，是各取所需，而不是一人得道，鸡犬升天。

所以，别急着攀附，先让自己靠谱。

我只是替你担心，同样都是年轻人，有的脱了贫，有的脱了单，而你却像是脱了缰，像个笑话一样在人间一路狂奔。

3

你得承认，人的本性就是双重标准。

打个比方。你正在吃炸鸡腿，喝啤酒，然后发了个朋友圈，说"油炸的就是最好吃的食物"。

这时候，有个你不喜欢的人给你留言："这东西不健康。"你的第一反应肯定是："关你什么事？吃你家鸡腿了？"

可如果是你喜欢的人给你留言："这东西不健康。"你的内心戏大概是："天啊，他在关心我。好吧好吧，我以后再也不吃了。"

又比如说，喜欢的人犯了错误，你会不分青红皂白地原谅他，甚至会主动替他开脱、辩解；而讨厌的人稍有过失，你就会不顾天地良心地鄙视他，甚至诋毁、诬陷。

这种"双标"本性带来的直接后果是，你将那些喜欢听的评论称为好心建议，将那些不爱听的视为抹黑挑事；将那些觉得合理的看成是"事实如此啊"，将那些觉得不合理的认定为"肯定有阴谋"。

所以，看到老师把"优秀学生"的荣誉颁给了成绩不如自己的同学，你就断定好好学习远不如学会讨喜，却忽视了那位同学在平时表现出的过人的组织能力和团队合作的能力。

看到老板把管理的职位给了业绩不如自己的同事，你就以为工作业绩远不如会拍马屁，却忽略了那个同事卓越的社交能力和领导能力。

你觉得自己和蔼可亲，很好相处，其实只是隐藏了真实的自己；你觉得自己顾全大局、作出了很多牺牲，实际上不过是拥有了"忍气吞声"和"委曲求全"的烂品格……

你随手找了一些看似合理的理由来欺骗自己，可问题是，蒙着眼睛真的能骗了全世界吗？

更严重的后果的是：自欺的次数多了，你会慢慢变成"心灵上的瞎子""灵魂上的聋子"和"良心上的哑巴"。

我曾见过，自称是"善解人意"的人在有意无意地用言语伤害别人，还满脸的春风得意。

也曾见过，自称是"心直口快"的人在再三强调有着明显错误的歪理，还自认为是在匡扶正义。

还曾见过，自以为"聪明绝顶"的人被并不难看穿的奉承或诱惑所轻易欺骗，还一脸的满意……

这让我想起来很早之前听过的一则笑话。说是一对情侣在树下休息，突然一坨鸟粪掉在了男生的脑袋上。男生气呼呼地质问那只鸟："你没看见树下有两个人吗？"

结果那只鸟一边抱歉，一边很诚恳地说："我看见了，可是，我只有一坨鸟粪啊！"

你看，我们常常就像是这只鸟，自以为是的善解很多都是误解。所以，请你时刻提醒自己：要清醒！

我所谓的"清醒"，就是只身独行却不会觉得孤独，无人帮扶也不觉得虚弱无力；就是当有人不拿你当回事的时候，你还瞧得上自己；当有人抬举你的时候，你没有太拿自己当回事；就是任凭这个世界如何疯狂、浮躁、纷繁复杂，而你能始终警觉、善良、一尘不染。

最后，读一首雨果的诗吧，名字叫《我们都是瞎子》。

"吝惜的人是瞎子，他只看到金子，却不见财富。

挥霍的人是瞎子，他只看到开端，却看不见结局。

卖弄风情的女人是瞎子，她看不见她的皱纹。

有学问的人是瞎子，他看不见自己的无知。

诚实的人是瞎子，他看不见坏蛋。

坏蛋是瞎子，他看不见上帝。

上帝也是瞎子，他在创造世界的时候，没有看见魔鬼也跟着混进来了。

我也是瞎子，我只知道说啊说，没有看见你们都是聋子。"

被真相伤害，

总比被谎言安慰好。

图书在版编目（CIP）数据

常与同好争高下，不与傻瓜论短长 / 老杨的猫头鹰
著 . —北京：现代出版社，2018.10
ISBN 978-7-5143-7304-2

Ⅰ . ①常… Ⅱ . ①老… Ⅲ . ①成功心理 – 通俗读物
Ⅳ . ① B848.4–49

中国版本图书馆 CIP 数据核字（2018）第 210872 号

常与同好争高下，不与傻瓜论短长

著　　者	老杨的猫头鹰
责任编辑	赵海燕　阎　欣
出版发行	现代出版社
通信地址	北京市安定门外安华里 504 号
邮政编码	100011
电　　话	010–64267325 64245264（传真）
网　　址	www.1980xd.com
电子邮箱	xiandai@vip.sina.com
印　　刷	吉林省吉广国际广告股份有限公司
开　　本	880×1230　1/32
字　　数	141 千字
印　　张	8.5
版　　次	2018 年 10 月第 1 版　2020 年 5 月第 9 次印刷
书　　号	ISBN 978-7-5143-7304-2
定　　价	39.80 元